U0348801

民防工程防灾与照明技术

——基于蓄能发光多功能材料的应用

上 海 市 民 防 科 学 研 究 所
安徽中益新材料科技股份有限公司　编著

同济大学出版社・上海

图书在版编目(CIP)数据

民防工程防灾与照明技术：基于蓄能发光多功能材料的应用 / 上海市民防科学研究所，安徽中益新材料科技股份有限公司编著.-- 上海：同济大学出版社，2022.9
ISBN 978-7-5765-0194-0

Ⅰ.①民… Ⅱ.①上… ②安… Ⅲ.①人防地下建筑物-防灾②人防地下建筑物-照明技术 Ⅳ.①TU927 ②TU113.6

中国版本图书馆 CIP 数据核字(2022)第 162450 号

民防工程防灾与照明技术

——基于蓄能发光多功能材料的应用

上海市民防科学研究所　安徽中益新材料科技股份有限公司　**编著**

责任编辑　胡晗欣　**责任校对**　徐逢乔　**封面设计**　陈益平

出版发行　同济大学出版社　www.tongjipress.com.cn
(地址：上海市四平路1239号　邮编：200092　电话：021-65985622)
经　　销　全国各地新华书店、建筑书店、网络书店
印　　刷　上海安枫印务有限公司
开　　本　787 mm×1092 mm　1/16
印　　张　8.5
字　　数　170 000
版　　次　2022年9月第1版
印　　次　2022年9月第1次印刷
书　　号　ISBN 978-7-5765-0194-0

定　　价　88.00元

本书编委会

主　编： 姚保华　陈海霞　印　磊

副主编： 屈双双　高　巍　马思平　徐　杨

编　委（按姓氏拼音为序）

陈海霞　高　巍　郦　璐　马思平

冒卫星　屈双双　徐　杨　姚保华

印　磊

序一

国不可一日无防，战不可一日无备。人民防空是国防的重要组成部分，是一项全民性的长期的战备工作，关系到国家的安危、民族的生存和人民生命财产安全。民防工程就是指人民防空工程，是防备敌人突然袭击、有效掩蔽人员和物资、保存战争潜力的重要设施，是坚持城镇战斗、长期支持反侵略战争直至胜利的工程保障。随着我国国民经济的高速持续发展，民防工程及城市地下空间工程的建设速度异常迅猛。但是，从充分发挥工程效能的角度考虑，民防工程还存在若干方面需要进一步改进与完善。例如：当战时城市遭受网络攻击或遭到石墨纤维弹等空袭而突然大面积停电时，民防工程如何有效维持应急照明需求？当大量人员进入民防工程掩蔽时，工程内部的空气质量如何保障？若遇空袭或发生意外引发火灾致使工程内部产生大量浓烟时，如何迅速组织内部人员有序快速撤离？这些问题均对民防工程的设计、建造、使用和维护带来新的挑战。作为一种新型建筑材料，蓄能发光多功能材料所具有的增光增亮、延时发光、强透烟可视能力和可释放负氧离子等特性，对民防工程在节能、环保、防灾等方面均具有重要的研究与应用价值。

本书的作者针对民防工程的特点与需求，通过理论研究和室内外试验，对蓄能发光多功能材料在民防工程中的应用场景进行了系统研究，提出了在增光节能、应急照明、烟雾环境中的引导疏散和空气质量改善等方面的应用设计方法，取得了突出的创新性成果。这些研究成果切合民防工程实际需求，符合民防工程和地下空间工程技术发展的总体趋势，势必能够对新技术、新材料在民防工程应用领域的有力推进起到很好的借鉴与推动作用。作者对人民防空工作锲而不舍的精神，尤其值得肯定。

作为成果的总结与归纳，本书条理清晰，内容丰富，科学价值高，工作指导性强，是一本不可多得的实用参考书。

朱合华

中国工程院院士

序二

民防工程是地下空间工程，地下空间工程离不开照明。如果没有照明，人们身处其中眼前将是一片漆黑，这会使人的内心产生恐惧感。民防工程内部的照明非常重要，无论是平时使用还是战时使用，民防工程地下空间的照明对于环境营造的重要性不言而喻。在面临战时空袭时，民防工程内部可能会突然停电，为了保证民防工程内的正常指挥、医疗救护和物资储运，使避难人员不产生内心的恐惧和混乱的行为，必须要保证其应急照明。民防工程照明是按战时和平时的不同要求进行设计的。民防工程内的照明设计，应考虑模拟自然光的特性，模拟自然可见光谱，保障和维持人体基本健康所需的空间环境卫生。对于平时作为地下车库使用的民防工程，在照明设计时，各种功能房间内应预留符合人防规范要求的灯具，并需要与平时使用的情形相协调，达到节能、防灾、按引导指示逃生的目的。

蓄能发光多功能材料具有增光增亮、延时发光、防火不燃、弥补各类人造光源光谱在490～580 nm波长区间不连续的特点，能明显提升人眼的可视距离。其与空气接触时释放的负氧离子，具有抗霉杀菌、增强人体免疫能力的特殊功能。蓄能发光多功能涂料在民防工程的墙面、顶面和地面上覆涂，可以改善空气环境、辅助照明；在疏散走道、楼梯间和公共活动场所等合适的位置使用，可作为应急照明，在突然停电后的12小时内，仍能达到引导和指示照明的作用。

本书作者通过对民防工程特点的分析及应用效能的试验，科学地提出了使用蓄能发光多功能材料的方法，并达到了改善民防地下工程内部空气环境、节能照明、应急照明以及保障人体健康的目的。

本书的实用性强，对于民防工程的照明和防灾设计，具有示范性的作用。

俄罗斯工程院外籍院士

前　言

近年来，国内外在蓄能发光材料方面的研究成效显著，取得了一系列重大研究成果，并得到了很好的实际应用。我国的科研院所和相关企业不断加大研究投入，在材料的复合机理、制备方法以及通过引入新稀土元素来改善材料物化性能等方面做出了很多新的尝试和探索，取得了令人满意的成果。尤其是在蓄能发光多功能材料研发方面，在原先只具有蓄能发光功能的基础上发展成集增光增亮、延时发光、防火阻燃、耐沾污、抗霉杀菌、防静电、释放负氧离子、无毒、无害等多种特性于一体的新型蓄能发光产品，目前已用于建筑装潢、交通运输、军事设施、消防应急以及日用消费品等领域。如应用于交通安全标志、交通禁令标志、社区指示牌等设施；道路车道标线，停车场和地铁车站的标志线；机场、火车站、轮船码头的安全警示标线和紧急出口标志；厂矿企业的安全生产标志和危险警告标志；以及发光玩具、发光工艺品和发光字画；等等。

蓄能发光材料也称长余辉发光材料、蓄光材料或夜光材料。蓄能发光材料是一种吸收太阳光源或人工光源所发出的可见光，而在激发停止后仍可继续发光几个小时甚至十几个小时的物质，其具有吸收—存储—发光—再吸收—再存储—再发光的功能，并可以无限重复使用。对蓄能发光材料基质的研究按照时间发展顺序主要分为硫化物体系、铝酸盐体系、硅酸盐体系、钛酸盐体系和硫氧化物体系等。

民防工程是战时为保障人民防空指挥、通信、掩蔽等需要而建造的地下防护建筑，包括为保障战时人员与物资掩蔽、人民防空指挥、医疗救护等而单独修建的地下防护建筑，以及结合地面建筑修建的战时可用于防空的地下室。战时民防工程内部聚集着大量人员，面临着应急照明、环境健康、防灾疏散等一系列难题，是蓄能发光多功能材料大面积应用的理想研究对象。目前，蓄能发光多功能材料在民防工程中的系统性、功能性、验证性应用研究，国内外还鲜见报道。

上海市民防科学研究所长期致力于新技术、新材料、新工艺、新装备在人民防空领域的科学研究和应用推广工作。近年来，研究所联合安徽中益新材料科技股份有限公司，针对蓄能发光材料的应用，先后开展了《蓄能发光材料研究进展及其在人防工作中的应用趋势》《蓄能发光多功能材料在民防工程中的应用研究》《民防工程用蓄能发光多功能材料技术规范编制研究》等研究课题。通过资料搜集、科研论证、试点应用、检验检测、总结归纳等技术手段和研究方法，对蓄能发光多功能材料在民防工程中的应用进行了系统性的研究。从已取得的成果来看，在民防工程中使用蓄能发光多功能材料效果明显，其所具有的防火阻燃、耐沾污、耐腐蚀、耐水洗、耐酸碱、抗霉杀菌、防静电、释放负氧离子、增加灾难环境中的透烟可视能力等各种辅助功能，可有效满足民防工程的防灾、节能、环保需求。此外，不仅是在民防工程领域，而且在数量巨大的城市地下空间，蓄能发光多功能材料同样具有广泛的推广应用价值。在上海市民防办公室主持召开的《蓄能发光多功能材料在民防工程中的应用研究》项目成果鉴定会上，以钱七虎院士为组长、郑建龙院士为副组长的鉴定专家组认为，本项目研究成果在民防工程中采用蓄能发光多功能材料领域已达到国际领先水平。

为了总结已取得的科研成果，更好地推广使用这项创新技术、普及相关科学知识，编撰出版本书。编撰任务的具体分工如下：全书知识架构由姚保华负责；前言由印磊执笔；第1章由陈海霞执笔；第2章由屈双双、高巍执笔；第3章由印磊执笔；第4章由陈海霞、高巍执笔；第5章由徐杨、马思平执笔；第6章由姚保华执笔；审阅和统稿由姚保华、屈双双负责。

本书在撰编过程中参考了许多专家学者的研究成果，书后一一列出了参考文献，在此表示感谢。但也有可能因编撰人员检查不周而存在挂一漏万的情况，特此致歉，并希望得到谅解和支持。

最后，上海市普陀区民防办公室提供了石岚二村民防工程和宜君路80弄民防体验馆作为试点示范项目，并给予了多方面的大力支持，在此表示衷心感谢。同时，对所有参与编撰、审核、校对工作的编者们的辛勤劳动表示感谢！

本书得到上海市2020年度“科技创新行动计划”社会发展科技攻关项目资助（项目编号：20dz1201400）。由于研究的深度和编者的水平有限，书中难免有疏漏和不当之处，敬请专家、同行和读者批评指正，不胜感谢！

编委会

2022年7月

目 录

第1章　民防工程基本知识

民防工程是指战时为保障人员与物资掩蔽、防空指挥、医疗救护等单独修建的地下防护建筑，以及结合地面建筑修建的战时可用于防空的地下室。完善的民防工程是一个国家提高生存能力和保存战争实力的重要手段。

1.1　民防与民防工程

1.1.1　民防与人防

“人防”是中国人民防空的简称。国家根据国防需要，动员和组织群众采取防护措施，以防范和减轻空袭危害。《中国军事百科全书》对人民防空的定义为：人民防空是动员和组织人民群众防备敌方空中袭击、消除空袭后果所采取的措施和行动。目的是保护人民生命财产安全，减少国民经济损失,保存战争潜力,支援长期作战。人民防空同国土防空、野战防空力量相结合组成国家防空体系,是现代国防的重要组成部分。

“民防”一般意义上指的是社会公众的安全与应急防护,是一个国际通行的概念,目前世界上许多国家把战时防备敌人空袭、保护居民安全与平时的防灾救灾称为“民防”。《上海市民防条例》对民防的定义为:民防是指政府动员和组织群众采取防空袭、抗灾救灾措施,实施救援行动,防范与减轻灾害危害的活动。和平时期,民防的职能是随着非战争灾害(自然灾害和突发事故)对国家经济发展威胁的不断增大,由人民防空职能的不断拓展而形成的。

民防与人防之间既有区别又有联系。人防是专为战时开展防空袭斗争所准备的,仅指战时防空,职能较为单一。民防涵盖面相对较广,不仅具有战时防空的属性,还有平时抢险救援和防灾减灾的属性。上海于20世纪80年代后期开始,在全国率先走出防空防灾一体化的发展道路。1993年,上海市人民防空办公室改称为“上海市民防办公室”。

1.1.2 民防工程

我国人民防空履行“战时防空、平时服务、应急支援”的职能使命,是党和国家从我国国情和实际出发做出的根本性、制度性的战略安排。战时,人民防空的主要任务是适时鸣放防空警报、组织人员及物资疏散隐(掩)蔽、组织对重要经济目标实施防护、组织城市人民防空管制和组织消除空袭后果。平时,人民防空的主要任务是开展人民防空教育、建设和维护人防工程、建立指挥通信系统、制订城市防空袭斗争预案、组建和训练人民防空专业队伍以及应对平时灾害。其中,组织修建民防工程是城市人民防空的主要措施之一,民防工程是人民防空最重要的物质基础。

民防工程即人民防空工程、人防工程,是为了保障战时人员与物资掩蔽、人民防空指挥、医疗救护等单独修建或结合地面建筑修建的地下建筑物，如图1-1所示。按标准建设的民防工程能在一定程度上抵御核武器、生物武器、化学武器和常规武器的空袭，减轻各种杀伤因素的危害。

图1-1　民防工程

民防工程建设的原则是保障战备、平战结合，统筹兼顾、重点建设，量力而行、规模适度，注重质量、讲求实效。建设要求是应当在保证战时使用效能的前提下，有利于平时的经济建设、群众的生产生活和工程的开发利用。战时，民防工程能够保障在工程内的人员遇到非常规武器和常规炸弹袭击时的安全，保障实施不间断防空指挥，保证生产进行、医疗救护、物资储备以及保障人民生活和支援战争的需要。平时，由于其冬暖夏凉、节省能源、占地面积小等优点而被广泛开发利用，如用于地下商场、地下车库、地下仓储、地铁交通和医疗服务等，在保证其战备效益的前提下，更好地为社会经济发展服务。

当今世界，几乎所有国家都将民防工程建设视为本国经济建设和国防建设的有机组成部分，都给予高度重视。国际上民防工程的产生和发展，事实上经历了与空袭长期斗争的过程。20世纪30年代，随着军事航空工业和技术的迅猛发展，轰炸机的数量急剧增加，空袭威胁明显增大，欧洲许多国家相继建立“城市防空体系”，民防工程也得到迅速发展。当时，英国各重要城市的防空洞、掩蔽所、防毒室比比皆是。法国仅巴黎就构筑了2万个掩蔽所，可容纳170万人。第二次世界大战中,空袭的规模和范围达到了空前程度,各国也更加注重城市防空的基础设施,尤其是民防工程建设,以有效地保护居民安全和维持经济目标,减少空袭造成的损失。德国在战前构筑了大量民防工程,虽然从1941年开始即遭到美、英两国的战略轰炸,但直到1944年其军火生产规模还在稳步上升;日本长崎虽然遭到原子弹袭击,但搬进坑道内的造船厂和鱼雷车间仍照常开工。冷战结束后,随着高新武器装备在战争中的大量运用,民防工程的地位和作用更加凸显。海湾战争中,伊拉克的巴格达、巴士拉等大中城市,建成了数量众多、标准较高的防护工程,在多国部队42天的狂轰滥炸中保证了较低的军民伤亡率。科索沃战争中,弱小的南联盟面对以美国为首的北约组织对其长达78天的高强度轰炸,仍然保存了85%以上的军事实力,这与其平时构筑了大量的民防工程不无关系。据国外资料,瑞士的防空地下室可掩蔽全国90%以上的人口;美国共建成了大约60万个地下掩蔽部,城市75%的建筑物都有地下室。在美国纽约市地铁中,长达255 km的地下段可掩护450万人。俄罗斯在修建莫斯科地铁时,充分考虑了民防要求,不仅要提高其结构抗力,还使地铁隧道的最大埋深达90 m,战时可掩蔽350万人。

在我国,民防工程既是提高国家整体防卫能力、提高城市抗御自然灾害和防空抗毁能力的物质基础,又是城市地下空间开发利用的重要组成部分。《中华人民共和国人民防空法》规定,“人民防空实行长期准备、重点建设、平战结合的方针,贯彻与经济建设协调发展、与城市建设相结合的原则”。民防工程建设不仅有战备效益,还具有十分明显的社会效益和经济效益。民防工程能有效地提高地面建筑防灾抗毁能力。高层建筑修建防空地下室后,加强了上部建筑的整体性,提高了建筑的稳定性,能有效减轻地震灾害。此外,民防工程建设是发展经济和现代化城市建设的需要。

总之,修建民防工程,意义重大。全社会都应关心和支持民防工程建设,并认真执行国家现行有关法规,自觉落实结合民用建筑修建民防工程等相关规定。

1.2 民防工程防护功能

民防工程建在地下,工程上面有一定厚度的被覆层,能不同程度地防护常规武器的袭击,等级较高的民防工程还能阻止毒剂、放射性和生物战剂污染的危害,保障内部人员安全掩蔽和进出工程。

1.2.1 对常规武器的防护

民防工程的防护结构按可防常规武器的要求设计成可抗炸弹局部破坏作用和整体破坏作用的防护结构。每个防护单元能自成独立系统,通过合理划分工程内的防爆单元,防止工程因局部破坏而造成更大范围的伤害。

1.2.2 对核武器的防护

民防工程是按拟定的防护等级要求设计工程防护结构的,具有一定的抵抗地面冲击波和土中压缩波动荷载的能力。口部的防护门和防护密闭门起阻挡作用;通风孔端设置通风消波系统,使冲击波在经过时被衰减;其他管孔采取相应的防护措施,如留设防爆井、设防护盖板、增设防护阀门等,阻止冲击波进入室内。

1.2.3 对化学武器、生物武器及放射性沾染的防护

民防工程的出入口通道内安置防护密闭门、密闭门和防毒通道;管道上安置防护阀门;水管沟道上设置水封井;按规定设置防护通风系统,在进风系统上设置除尘滤毒设备,以阻止毒剂侵入;风机容量需考虑超压排风和防毒通道换气次数的要求,防止负压作用下毒剂侵入;在有人员、车辆进出的出入口,留设了洗消间或冲洗装置,避免毒剂被带入。

1.2.4　对部分灾害事故的防护

当发生化学事故时，为减少人员伤害、避免较大危害，及时控制危险源、抢救伤员、组织群众疏散，可就近进入民防工程内部，关闭防护密闭门，减少事故伤害。民防工程有一定的防震效果。据调查，1976年的唐山大地震中，民防工程在地震中受到严重破坏的仅占1.2%，受到中等破坏的约占23%。地震中全市没有一处民防工程发生垮塌，民防工程内的人员无一伤亡，民防工程在破坏性地震发生时也能成为人员安全的掩蔽场所。

1.3　民防工程分类

1.3.1　按开挖方式分类

民防工程按开挖方式分为明挖工程和暗挖工程。

(1) 明挖工程，可分为堆积式工程和掘开式工程。掘开式工程按上部有无地面建筑物又分为单建掘开式工程和附建式工程，分别如图1-2(a)和(b)所示。

(2) 暗挖工程，可分为坑道式工程和地道式工程[1]，分别如图1-2(c)和(d)所示。

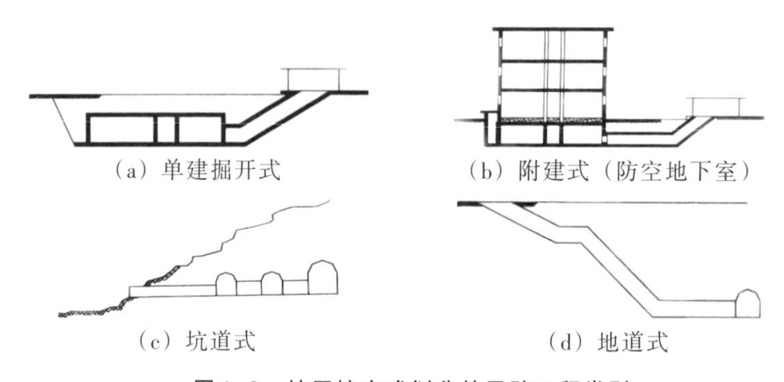

图1-2　按开挖方式划分的民防工程类别

1.3.2 按战时功能分类

民防工程按战时功能可分为指挥通信工程、医疗救护工程、防空专业队工程、人员掩蔽工程和其他配套工程五大类。

(1) 指挥通信工程：指各级人防指挥所及其通信、电源、水源等配套工程的总称。人防指挥所是保障人防指挥机关战时能够不间断工作的人防工程。

(2) 医疗救护工程：是战时为抢救伤员而修建的地下医疗救护设施。医院用于战时一定范围的伤病员救治，救护站承担防护区内伤病员的临时急救、包扎和简单手术等工作责任。

(3) 防空专业队工程：是战时保障防空专业队掩蔽和执行勤务而修建的民防工程，一般称为防空专业队隐蔽所。一个完整的防空专业队隐蔽所一般包括专业队队员掩蔽部和专业队装备(车辆)掩蔽部两个部分。根据所担负的战时任务不同，防空专业队包括抢险抢修、医疗救护、消防、防化、通信、运输和治安等7种专业队。

(4) 人员掩蔽工程：是战时供人员掩蔽使用的民防工程，也是民防工程中数量最多、平时利用率最高的一类。

(5) 其他配套工程：是战时用于协调防空作业的保障性工程，主要包括区域电站、区域供水站、核生化监测中心、物资库、警报站、食品站、生产车间和疏散干道等。

1.3.3 按防护等级分类

民防工程的抗力等级主要用以反映人防工程能够抵御敌人核袭击以及常规武器破坏能力的强弱，其性质与地面建筑的抗震烈度类似，是一种国家设防能力的体现。民防工程按防护等级可分为甲类工程与乙类工程。

(1) 甲类工程可以防护核生化武器和常规武器。它能防护预定的核爆炸地面冲击波及相应的热辐射、早期核辐射、放射性沾染、核电磁脉冲等,预定的化学武器、生物武器、常规武器的杀伤破坏作用,以及地面建筑物倒塌和城市火灾等次生灾害的杀伤破坏作用。

(2)乙类工程可以防护常规武器、生化武器。它能防御特定的化学武器、生物武器、常规武器的杀伤破坏作用,以及地面建筑物倒塌和城市火灾等次生灾害的杀伤破坏作用。

1.4 民防工程构造及防护设施

1.4.1 民防工程构造

民防工程有很厚的被覆层,它能够抵御冲击波、光辐射、核辐射和常规爆炸碎片等各种武器的杀伤,其构造一般分为“主体”和“口部”两部分。

1.民防工程主体

民防工程的主体是指民防工程中能满足战时防护及其主要功能要求的部分,也是民防工程中满足人员、物资、装备等战时所需要的防护和生存要求的部分。

民防工程包括主体有防毒要求的和主体允许染毒的两种类型。对于有防毒要求的民防工程,其主体指最里面一道密闭门以内的部分;对于允许染毒的民防工程,其主体是指防护密闭门(防爆波活门)以内的部分。

2.民防工程口部

民防工程的口部是指工程中主体与地表面或与其他地下建筑的连接部分。口部是保障主体能满足战时防护要求的一个重要环节,一般包括出入口、防毒通道和“三防”设施等。

(1)出入口:战时能保障人员或车辆快速有序进出的出入处。

(2)防毒通道:在出入口的防护密闭门与密闭门之间靠密闭隔绝设施阻挡有毒有害气体侵入的一段通道。在室外空气染毒的情况下,允许人员由此通道出入。

(3)“三防”设施:位于民防工程的口部,战时能有效防护核爆炸、冲击波、放射性污染、毒剂、生物战剂的设施和设备,包括工程密闭设施、滤毒通风设施和洗消设施。

1.4.2　民防工程防护方式

民防工程的防护方式有隔绝式防护和过滤式防护两种。

1.隔绝式防护

隔绝式防护是关闭工程所有孔口,利用工程的密闭性防止受污染空气进入室内的防护方式。室内、外停止空气交换,由通风机对室内空气实施内循环的通风。其优点是安全、可靠,但是防护时间短,人员不能长期停留。

2.过滤式防护

过滤式防护是将受染空气滤毒后再通过通风系统送入民防工程内的防护方式。其优点是防护时间较长,但是可能有少量有害物质渗入,危害人体。此类防护必须配备空气监测和报警设备,以确保安全。

1.4.3　民防工程防护设施

民防工程防护设施主要有工程密闭设施、消波设施、滤毒通风设施和洗消设施等。

1.工程密闭设施

工程密闭设施的主要作用是抵挡冲击波和阻止染毒空气进入工程内,其由防护密闭门和密闭门组成(二者之间是防毒通道)。防护密闭门既能阻挡冲击波又能阻拦毒剂通过,而密闭门只能阻拦毒剂通过。

2.消波设施

消波设施设在进风口、排风口和柴油机排烟口,用来削弱冲击波压力,如防爆波活门和扩散室等。

(1)防爆波活门是在通风口用来阻滞冲击波的一种防护设备。它平时处于开启状态，不影响正常的通风，当冲击波到达时它可以自动关闭，从而将冲击波能量的大部分阻止在活门以外。图1-3所示的悬板式活门是一种防爆波活门，它的悬板平时处于开启状态，当冲击波抵达时，其依靠冲击波风压关闭悬板，消减并阻挡冲击波对工程内人员的伤害。

图1-3　悬板式活门

(2)扩散室是利用内部空间来降低由通风口或排烟口进入的冲击波超压的房间。扩散室不是封闭的空间，它通过悬板式防爆波活门、过滤器等与外界相通。扩散室是民防工程口部(外)的重要组成部分。

3.滤毒通风设施

滤毒通风设施由滤尘器、滤毒器、风机和管道等设备组成，其主要作用是过滤有毒有害空气，使清洁无害的空气进入室内，同时把废气排出室外。

(1)滤尘器是民防工程中清洁式、滤毒式通风管路上的一种必用设备，战时能过滤颗粒粗的爆炸残余物，平时能过滤空气中较大颗粒的灰尘。

(2)滤毒器是设置在进风系统中的一种滤毒设备，依靠过滤器中的滤纸和活性炭等材料的过滤、吸收作用,可将室外毒气浓度降到容许浓度以下,以便在室外空气染毒情况下为室内人员提供清洁空气。

(3)风机是进风、排风、送风的动力设备。

(4)管道是把滤毒通风设备连在一起,引进新鲜空气,或把经过滤毒的清洁空气分送到所需的地方,把工程内受污染的空气排到工程外面。

4.洗消设施

洗消设施由洗消间、消毒药品与洗消器材等组成,其主要作用是对进入工程的人员进行局部或全身洗消,避免人员将毒剂带入室内,以保障室内环境安全。

洗消间是战时专供染毒人员通过,并清除全身有害物的通道,通常由脱衣室、沐浴室和检查穿衣室组成。简易洗消间是供染毒人员清除皮肤有害物的房间,一般设在防毒通道的一侧或单独设置,其使用面积为5～10 m^2。

5.其他设施

其他设施包括核生化监测、报警设备和防化值班室等。

1.5　民防工程使用要求

民防工程有较好的防护功能,但使用不当也会危及安全。因此,我们应掌握其使用要求。

1.5.1　进入民防工程前

当城市进入战时状态后,每个人都要保持沉着冷静,在民防专业人员或其他有关人员的指导下,积极做好防空袭的准备工作。

准备好个人进入民防工程所必需的生活用品,包括食品、个人防护器材、常用药品、应急物品及其他生活必需品。

熟悉民防工程的位置、标志、进入线路和有关防空警报信号。

1.5.2 进入民防工程时

在进入民防工程时,应携带好必需的生活用品,在工作人员指挥下,迅速、有序、安静地从口部进入工程内部。不要在工程口部或者通道内停留。孩子要尽量抱在手中,以保证整体队伍的行进速度和安全。当工程内部无灯火时,一律靠右侧行进,同时用右手探摸墙壁,不高声喧哗,不抢先、不推挤前面的人,在转弯处或楼梯口注意用语言轻声传递注意事项,防止人员摔倒和踩踏。

若在遭毒剂或放射性污染条件下,穿着个人防护器材进入工程内部的人员要在民防工作人员指导下,经过洗消后,方可进入民防工程,不得擅自行动。

1.5.3 进入民防工程后

在进入民防工程后,要服从命令,听从指挥,按指定位置坐卧,照顾小孩和老人,注意公共卫生,不随地吐痰和大小便,残余食物和腐烂物品要密封存放。

保持安静,减少剧烈活动,禁止吸烟,尽量不用蜡烛等明火照明,以减少氧气消耗。爱护民防工程内的设施,不得擅自启动设备设施,以防造成伤亡事故。

管理好个人物品,留心信息通告,定时收听广播,不传播小道消息。

在敌人实施核、化、生袭击时,人员不得出入民防工程,以防止外部染毒空气和放射性物质被带入工程内部。同一时间只能打开一道密闭门,染毒服装、装备应脱掉并放入脱衣间的密闭袋内,人员洗消、更衣后再进入内室。

1.5.4 撤离民防工程时

在撤离民防工程时,应清理好自己周围的环境,携带好个人物品。

由民防工作人员打开防护门,保持良好的秩序,依次撤出。切忌蜂拥而出,以免在工程口部造成意外伤害。

参考文献

[1] 上海市民防办公室.上海市民防工程设计百问百答[M].上海:同济大学出版社,2010.

[2] 王力健,王兆熊,石伟国.民防工程平战结合防爆门后塞口施工技术[J].施工技术,2013(s1):225-227.

[3] 曹筱凤.加快人防向民防转变工作的思考[J].国防,2003(10):21-23.

[4] 曹继勇,张尚根.人民防空地下室结构设计[M].北京:中国计划出版社,2006.

[5] 许宏发,谈欢欢,马军庆.普通城市地下空间的战时利用探讨[J].地下空间与工程学报,2007,3(2):196.

[6] 高京艳,苏俊.适应未来防空作战需求 大力加强城市防空建设[J].国防,2008(6):53-55.

[7] 钱七虎,陈志龙,王玉北,等.地下空间科学开发与利用[M].南京:江苏科学技术出版社,2007.

[8] 林枫,杨林德.现代战争条件下城市人防工程的功能[J].地下空间,2004(2):78-79.

[9] 谢新星.平战结合人防工程地下空间探讨[D].长沙:湖南大学,2013.

[10] 林枫,杨林德.新世纪初的城市人防工程建设(一)——历史、现状与展望[J].地下空间与工程学报,2005(6):102-105.

第2章　蓄能发光材料研究进展及发展趋势

蓄能发光材料也称长余辉发光材料，是指光照停止后在一定时间范围内能够持续发光的材料。这些材料发光较弱，通常只有在夜间才能观察到，因此又被称为夜光粉。

蓄能发光多功能材料则是一种改进型的蓄能发光材料，它以合成树脂为主要成膜物质，掺加稀土硅铝酸盐复合体材料、纳米多孔材料及碳酸钙、氧化钛等填料物质制备而成，包括蓄能发光多功能墙面涂料、地面涂料以及逃生指引标志、标牌等多种类型。该材料具有增光增亮、延时发光、阻燃、耐沾污、耐腐蚀、耐酸碱、耐水洗、自洁净、抗菌防潮、防静电、释放负氧离子、提高透烟可视能力以及节能环保等多种功能。

2.1 蓄能发光材料研究历史

很早以前,人们对长余辉发光现象就有了初步的认识,并开始利用长余辉发光材料。宋太宗时期记载的用“蓄光颜料”绘制的《画牛图》,画中的牛在夜晚也能看得清,究其原因,画中的牛是用牡蛎制得的发光颜料所绘。发光分为两种:荧光和磷光。其中荧光是持续时间较短(一般小于 10^{-8} s)的发光现象。工程中一般不对荧光和磷光作严格区分,把持续时间短至人眼难以分辨的发光现象都称作荧光。

20世纪90年代前,性能最好的长余辉发光材料是Ⅱ族金属硫化物体系材料。最著名的ZnS:Cu发光材料是第一个具有实际应用价值的长余辉光致发光材料,但该材料化学性质不稳定,在一定的湿度和紫外光照射下会发生分解、逐渐衰弱,体色变黑,不宜在户外使用,且持续发光时间只有几十分钟。为了延长其发光时间,往往要加入少量的Co、Pm等元素,利用放射性物质释放的高能射线辅助激发,余辉时间可延长至500 min左右,但放射性物质会对人体和环境产生危害。

20世纪末,人们首次发现了一种亮度高、无放射性危害、余辉时间长的稀土长余辉发光材料——稀土激活碱土金属铝酸盐发光材料。其发光的主要原因是稀土离子的4f能级之间的跃迁(f—f跃迁)、5d—4f跃迁和电子转移产生的宽带电荷迁移带。与传统硫化物体系材料相比,稀土长余辉发光材料在发光特性和化学稳定性等方面具有许多优点。稀土激活碱土金属铝酸盐发光材料是指以稀土,特别是以Eu为激活元素,以碱土金属铝酸盐为基体的一类发光材料。当前最具代表性且性能最好的铝酸盐基长余辉发光材料是稀土离子掺杂的 MAl_2O_4:Eu^{2+},RE^{3+},其中M是碱土金属元素,Eu^{2+}是发光中心,RE是稀土元素,RE会导致缺陷能级的形成,从而形成长余辉。不同的M使得 Eu^{2+} 所处的晶体场强度发生明显的变化,从而产生不同的发光和余辉颜色。这种独特的发光材料可以有较高的初始明亮度和较长的余辉持续时间。稀土铝酸盐长余辉蓄能发光材料是一种高效、节能的绿色材料，作为发光涂料的添加剂而被广泛地应用，从而成为蓄能发光涂料。作为光功能涂料的一种，蓄能发光涂料不同于荧光涂料、反光涂料等其他光功能涂料，其主要成分为丙烯酸聚合物乳液、填料、阻燃剂、稀土类长余辉发光材料、助剂和水。它可以吸收太阳光或灯光等可见光，并将光能储存起来，当光激发停止后，再把储存的能量以光的形式慢慢地释放出来，持续的时间可长达十几个小时，这种功能性光致发光涂料由于其具有发光亮度高、余辉时间长、无放射性危害和耐环境腐蚀等特性，已在多个领域得到应用。这种吸收—发光—存储—再发光并可以无限重复的过程和蓄电池的充电—放电—再充电—再放电的重复过程是相似的，其具有增光增亮、延时发光的效果，可作为逃生光源。这种长余辉发光材料多用于道路交通标志、照明、信息和通信、城市建筑等方面。

由于长余辉发光材料耐水性较差，国内外市场上主要以溶剂型发光涂料或环氧树脂型发光涂料为主，用于私家车、橱柜、机场、监狱安全围栏、船舶、飞机、自动售货机的涂装工艺。但溶剂型发光涂料不环保，而且在发生火灾时会释放有毒有害物质，无法满足在公路隧道环境中使用的要求，现已逐步被其他产品所取代。虽说也有水性发光涂料在地下车库、建筑防火通道、人防工程、地下仓库、地下生产车间等建筑物中使用，但因其技术指标较低，也尚未达到在公路隧道环境中使用的条件。当前，多种稀土发光材料已经被研发问世，并已取得重大应用成果。稀土发光纳米材料是一类新型材料，其化学性质稳定且功能多样化，具有较好的应用前景。近年来，为了解决工程节能照明及安全逃生问题，我国开始将长余辉自发光材料广泛应用到公路交通领域及地下空间工程领域。比较典型的是安徽中益新材料科技股份有限公司自2003年即开始研发的蓄能发光多功能材料，该公司自主开发的“引路牌”系列多功能材料具有延时发光、增光增亮、防火阻燃、耐酸碱、耐沾污、耐水洗、抗霉杀菌、抗静电、释放负氧离子、无毒无害、无放射性、可漫反射以及提高火灾环境中的透烟可视能力等多种特性，从而引领了国内外发光材料的发展。

2.2　蓄能发光材料的分类

长余辉发光材料基质按时间顺序主要经历了硫化物体系长余辉发光材料、铝酸盐体系长余辉发光材料、硅酸盐体系长余辉发光材料、钛酸盐体系长余辉发光材料、硫氧化物体系长余辉发光材料五个发展阶段。

2.2.1　硫化物体系

硫化物体系蓄能发光材料主要包括硫化锌、硫化锌镉、硫化锶、硫化钡、硫化钙等,同时也是重要的阴极射线、电致发光的实用性发光材料。硫化物体系蓄能发光材料目前依旧有实用价值的材料有:发光颜色为黄绿色的ZnS:Cu体系;发光颜色为蓝色的CaS:Bi体系;发光颜色为红色的CaS:Eu体系。

2.2.2　铝酸盐体系

铝酸盐体系蓄能发光材料具有发光效率高、化学稳定性好的特点。目前达到实用化程度的材料有:发光颜色为蓝紫色的$CaAl_2O_4$:Eu,Nb;发光颜色为蓝绿色的$Sr_4Al_{14}O_{25}$:Eu,Dy;发光颜色为黄绿色的$SrAl_2O_4$:Eu,Dy。它们都有优异的长余辉发光性能,被人们誉为第二代蓄能发光材料,是蓄能发光材料发展的一个里程碑。

2.2.3　硅酸盐体系

我国根据铝酸盐体系蓄能发光材料尚存在耐水性稍差、发光色较单一、对原材料纯度要求高、生产成本高等缺点,开展了硅酸盐体系蓄能发光材料研究,成功研制出数种耐水性好、紫外辐照性稳定、发光色多样、余辉亮度较高、余辉时间较长的硅酸盐体系蓄能发光材料,将蓄能发光材料的研究推向一个新的时代。目前研制的铕、镝激活的焦硅酸盐蓝色材料，其发光性能也优于铕、钕激活的铝酸盐蓝色发光材料。但总体来说，硅酸盐体系的发光性能尚未达到铝酸盐体系的水平，已达到应用水平的只有焦硅酸盐体系，含镁的正硅酸盐性能还未能得到应用。要进一步提高硅酸盐体系的发光性能，还需做更深入的工作。

2.2.4 钛酸盐体系

Diallo等(1997)首次报道$CaTiO_3:Pr^{3+}$的614 nm红色发光长余辉特性，因Pr^{3+}激活的$CaTiO_3$红色发光余辉时间较长，基质化学性能稳定，具有良好的耐候性，而受到广泛的关注。Diallo等系统地研究了$CaTiO_3:Pr^{3+}$红色长余辉发光特性的影响因素，包括样品的制备温度、微观晶体结构、电荷补偿剂种类和Pr^{3+}浓度等因素。尚用甲(2008)以钛酸钙和硝酸镨为原料，采用高温固相法高温煅烧4 h制备了$CaTiO_3:Pr^{3+}$红色长余辉发光材料，但余辉时间均只有几分钟。以$CaTiO_3:Pr^{3+}$为代表的碱土钛酸盐红色长余辉发光材料，不仅化学性能稳定，而且发光颜色纯正。但这一体系的余辉性能存在较大的不足，余辉亮度和余辉时间不能完全满足实际应用的需求，而且对可见光的吸收效率明显较低。

2.2.5 硫氧化物体系

硫氧化物体系长余辉发光材料是一种新型的长余辉发光材料，其基质体系主要是由Eu^{2+}和Sm^{3+}激活的发红光的Y_2O_2S稀土硫氧化物材料。与铝酸盐及硫化物体系发光材料相比，$Y_2O_2S:Eu,Mg,Ti,Gd$红色长余辉材料具有较好的热稳定性。

2.3 蓄能发光材料发光机理

蓄能发光材料的研究日新月异，不断涌现出组分、结构、激活离子和发光颜色等不同的新型蓄能发光材料。纵观国内外的研究现状，稀土激发铝酸盐体系是目前蓄能发光材料的主流商业产品。另外，随着硅酸盐体系长余辉材料的研究发展，以及氮化物体系的出现及研究，新一代的蓄能发光材料可能即将出现。总之，寻找物理化学性能稳定、具有优异发光性能的新型蓄能发光材料是目前蓄能发光材料研究的重点方向。

2.3.1　蓄能发光材料发光基本原理

蓄能发光材料发光的基本原理是该材料中含有稀土元素，而稀土元素的离子具有特别的电子层结构和丰富的能级数量，当光束射到这种发光材料上时，该材料可以吸收光能，此时光束的能量就会转移给被激发的电子，但处于激发态的电子是一种亚稳态的电子，一旦光照停止，该电子就会释放特定波长光的能量跃回到基态，从而引起该物质发光，是一种蓄能发光过程。针对长余辉发光材料的发光机理，研究人员提出了各种不同的理论模型，如空穴转移模型、新的空穴转移模型、位型坐标模型、双光子吸收模型和余辉能量传递模型。由于机理的复杂性，不同的模型都只能部分解释长余辉发光现象的一面，具有一定的局限性，而且很多理论都停留在假设层面，还有待于试验的进一步证明。

基质、激活剂和辅助激活剂的合理选择是蓄能发光材料具有优良长余辉性能的重要保证。如碱土硅酸盐发光材料$SrO(nSiO_2):Eu^{2+}$，Dy^{3+}，以Eu^{2+}为激活剂，Dy^{3+}为辅助激活剂，金属硅酸盐为基质。基质提供合适的晶体环境，激活剂离子必须是那些具有相对较低的4f—5d跃迁能的稀土离子，对基质起激活作用，即Eu^{2+}取代Sr^{2+}形成发光中心。而三价的辅助激活离子不等价取代二价的碱土金属离子后形成不同深度的陷阱，用于存储电子。发光是由于电子在离子的基态和激发态之间运动而造成的。在同一原子内，不同类型的亚层之间存在能级交错现象，如$E(6s)<E(4f)<E(5d)<E(6p)$。当白光照射晶体时，晶体中具有一定能量差的4f电子能够被某一波长的光所激发，跃迁到较

高能级的5d轨道上去，而该波长光的能量转移给被激发的电子，即此波长的光被吸收，此过程为蓄能过程。但处于5d轨道上的电子是一种亚稳态电子，也可以释放该波长光的能量跃回4f轨道，此过程为发光过程。$SrO(nSiO_2):Eu^{2+}$，Dy^{3+}材料的发光是典型的Eu^{2+}的5d—4f跃迁所引起的发光。

2.3.2 影响蓄能发光材料发光性能的因素

影响稀土蓄能发光材料发光性能的因素较多，主要有：基质晶体的种类和化学成分；稀土离子的浓度；温度；材料的性质，包括由不同杂质含量、不同制备工艺导致的不同颗粒形貌，稀土离子在基质中的掺杂均匀性等。其中，基质晶体的种类和化学成分主要影响稀土离子发光光谱的位置，稀土离子的浓度、温度和杂质含量主要影响其发光强度。

通过一些研究发现，激活剂Eu^{2+}是影响蓄能发光材料性能的一个重要因素。孙晓园等(2020)用高温固相法合成$Sr_2SiO_4:xEu^{2+}$蓄能发光材料，并且重点讨论了Eu^{2+}离子浓度对蓄能发光材料晶体的影响。试验发现，随着Eu^{2+}离子浓度的增加，Sr_2SiO_4晶体结构从单斜晶系转换为正交晶系。由于晶体结构的变化，单斜晶系$Sr_2SiO_4:Eu^{2+}$的发射带与正交晶系$Sr_2SiO_4:Eu^{2+}$的发射带相比，呈现出向短波方向移动的现象。单斜晶系$Sr_2SiO_4:Eu^{2+}$制成的白光LED比正交晶系$Sr_2SiO_4:Eu^{2+}$制成的白光LED具有更好的色坐标、显色指数和更高的流明效率。马明星等(2010)研究了Eu^{2+}离子浓度与发光强度的关系。他们认为随着Eu^{2+}离子浓度的增大，发光强度随之增强并将达到最大值。这是因为Eu^{2+}离子浓度的增大，形成了更多的发射中心，Eu^{2+}离子吸收的能量增加，相互作用增强，能量传递加快。但是当Eu^{2+}离子浓度继续增加时，发光强度反而减小，这是因为处于激发态的激活剂离子间发生相互作用，增加了新的能量损耗机制，发生了浓度猝灭现象，即所谓的激活剂饱和效应。杨志平等(2008)重点讨论了Eu^{2+}在Ca_3SiO_5晶体中所占据的晶体学格位。他们认为，Ca_3SiO_5晶格中Ca^{2+}离子存在两种格位，即八配位的Ca^{2+}（Ⅰ）和四配位的Ca^{2+}（Ⅱ）。当Eu^{2+}取代Ca^{2+}时，也相应形成了两种不同格位的发光中心。由于Ca^{2+}（Ⅰ）格位的数量多于Ca^{2+}（Ⅱ）格位，Eu^{2+}（Ⅰ）和Eu^{2+}（Ⅱ）发光中心的数量也不同，所以两个发射带强度也不同。

2.4　蓄能发光材料的制备方法

自20世纪70年代灯用稀土荧光粉商品化以来，稀土蓄能发光材料的研究进入了一个新的阶段，对稀土蓄能发光材料的研究成为材料研究工作的热点之一。稀土蓄能发光材料的制备是发光材料研究的基础。稀土无机发光材料的合成方法众多，各有利弊，主要有固相反应法、溶胶-凝胶法、共沉淀法、喷雾热解法和水热法等。

目前，蓄能发光材料的生产制备方法主要有两种：高温固相法和溶胶-凝胶法。高温固相法由于较差的同质化而导致利用该方法生产蓄能发光材料需要较高的合成温度，生产的蓄能发光材料的颗粒较大，更不利的是其余辉时间较短、发光亮度较低。张平（2006）认为，溶胶-凝胶法因在制备蓄能发光材料的初期阶段能使各种原料充分混合，具有高同质化、低合成温度和长余辉等优点，降低了能耗，已受到广泛应用。王晓娴（2012）用溶胶-凝胶法合成了掺杂稀土Tb^{3+}的复合发光材料LaF_3-SiO_2，并确定了当退火温度为800 ℃时，复合发光材料的发光效果最好。刘全生等（2005）采用微波烧结法制备了四方相Sr_3SiO_5：Eu^{2+}黄色蓄能发光材料，试验中添加的石墨既是微波吸收剂，又可当作还原剂。该材料具有较宽的激发光谱和发射光谱，并且在468 nm处可被蓝色光激发，这有利于全色白光的实现，从而获得更适合人眼的白光。

2.5 蓄能发光材料的应用

目前,蓄能发光材料制品包括发光涂料、油漆、发光油墨、发光釉料、发光塑料、发光橡胶、发光皮革、发光玻璃、发光陶瓷、发光石材、发光铝塑复合板和发光工艺品等种类,由于其特有的高亮度、快吸光、长蓄光、化学稳定性好及耐候性强等优良理化性能,被广泛应用于建筑装饰、交通运输、消防安全、电子通信、电力电器、仪器仪表、石油化工、地铁隧道、印刷印染、广告牌匾和珠宝首饰等各个领域,是21世纪极有发展前途的装饰发光材料。

2.5.1 道路交通标志

蓄能发光材料在道路交通标志中的应用最为广泛,道路交通标志是用图形符号、文字向驾驶人员及行人传递法定信息,用以管制、警告及引导交通的安全设施,它在现代公路交通管理中发挥着重要作用。实践证明,合理设置公路交通标志,可以平缓交通、提高公路通行能力、减少交通事故、防止交通堵塞、节约能源、降低公害以及美化路域环境。

自从《道路交通标志和标线》(GB 5768—1999)实施以来,我国公路建设有了飞速发展,截至2020年底,我国公路通车里程已达519.81万km,对交通标志和标线的设置有了更高的技术要求。以蓄能发光材料制成的标志,可广泛应用于道路警告标志、禁令标志、指示标志、旅游区标志、道路施工安全标志及设施、可变信息标志。人们在黑暗、多雾、天气恶劣的环境中能够清楚地辨认出这些标志,降低交通事故的发生率,使公路交通的引导更便利、周到。

蓄能发光材料是一种节能的发光材料,它不用电,不用复杂的设备,不发热,不会造成火灾,利用白天的阳光和夜晚的灯光蓄光,黑夜自动发光,完全不用人工操作。例如,荷兰的OssN329高速公路是全球首条发光公路，夜间看上去就像科幻大片的场景。科学家在道路的油漆标记中加入了发光涂料，从而实现蓄能发光效果。这些涂料利用白天的光照“充电”，晚上就能持续发出10 h的光亮。如此便可让司机更方便地判断道路位置，提升驾车安全性。发光公路在研发中经过了多次调整，后续又进行了耐用性和用户体验方面的测试。在OssN329公路试点，主要是为了考察发光公路在现实生活中长期应对车流时的运转状况，如图2-1所示。

图2-1　荷兰的OssN329高速公路

据报道，在美国“9•11”事件中有近3 000人死亡，而不幸中的万幸是在被直接撞击的世贸大厦高层中大部分人逃过了此劫。其中一个很重要的原因是世贸中心大楼采用了一套自发光逃生指示系统。这种自发光系统只需蓄光10～20 min，就会持续发光12 h以上。世贸中心大楼被炸后，整个大楼的供电系统陷于瘫痪，而楼梯里自发光指示标志依然发光，指引人们迅速逃离现场。与此截然相反的是2003年2月发生在韩国第三大城市大邱的地铁人为纵火事件，该事件造成了数百人伤亡的严重后果。惨案发生后，韩国媒体报道，除了安全设施、车站设备等存在隐患外，地铁站内缺少必要的夜间照明装置和逃生指示标志是造成人员伤亡惨重的原因之一。在此次纵火案中,地铁站在列车起火后自动断电,车站内顿时一片漆黑,紧急照明灯和出口引导灯均没有闪亮,很多慌乱的乘客根本找不到逃生出口。其实,从地铁站内到地面出口,步行只需2 min,如果有指明出口方向的夜光装置,乘客逃离时将会更加有序,得以逃生的人数将会更多。韩国媒体报道,火灾的死亡者中有许多是在跑出车厢后由于找不到出口而吸入含有毒成分的浓烟窒息而死的。

2.5.2 白光LED灯

硅酸盐基质材料容易获得近紫外～蓝光范围的高效激发,又具有发光亮度高和化学稳定性好的优点,因而在探索白光LED荧光粉方面引起了人们的高度关注。柏朝晖等(2010)利用Si-基氮化物键能强大、结构稳定性好、存在适于激活剂原子占据的结晶位置以及多样的结构等优点,采用碳热还原氮化法制备了 $Sr_2Si_5N_8:Eu^{2+}$ 红色发光材料。研究结果表明,用该材料封装的LED具有较好的发光效率、色坐标稳定性和显色指数,是一类适用于白光LED的发光材料。

2.5.3 发光陶瓷

关于发光陶瓷釉料,不少专利和文献都有介绍。1995年以前,发光釉基本上都采用重金属离子或稀土离子激活的硫化锌或碱土金属硫化物体系长余辉发光粉。它们的共同缺点是发光强度低、余辉时间短、化学性质不稳定,为了延长余辉时间,有时在长余辉发光材料中加入放射性元素,极易对环境和人体造成危害。此外,上述釉料大多烧成温度在800 ℃左右,有时还需要还原气氛加以保护。基于以上原因,这类发光陶瓷至今没有形成产品。随着新型稀土离子激活的碱土铝酸盐长余辉发光材料的发现及其性能的提高,1998年前后出现了将这种新型碱土铝酸盐长余辉发光材料应用于陶瓷行业的趋势。这些文献采用的都是碱土铝酸盐长余辉发光材料,研究内容主要是低温陶瓷及玻璃(800 ℃左右),也有人研究中温釉料(1020～1040 ℃),发光颜色均为蓝绿色。

2.5.4 发光纺织品

发光纺织品使用稀土长余辉发光材料作为激发源,无毒、无害、无辐射,且无须使用电能,环保"低碳",余辉时间持久,色光一般为绚丽的彩色,非常适合开发玩具和刺绣艺术品。运用发光纺织品开发的玩具一般色光多彩,白天与普通玩具十分相似,一旦置于黑暗环境中便通体透亮,甚是惹人喜爱,上海世博会热销的神奇发光海宝便属于该类产品。运用发光纺织品开发的刺绣艺术品主要有服装图案刺绣、商标标识刺绣和刺绣艺术画等。其产品花型经过艺术家的设计,给人空灵梦幻的艺术享受。发光刺绣还可以广泛用于桌面用品、茶几巾、靠垫、窗帘等产品,在黑暗状态下起到提醒、装饰的作用。

2.5.5 温度传感器

国外大量的试验研究表明,在特定温度范围内,由长余辉发光材料构成的温度传感器的灵敏度和精确度高,并且本身具有较长的余辉时间、较强的余辉亮度和较大的温度系数,在荧光测温系统中可作为理想的探头材料。

此类传感器是利用某些荧光物质,在某一波长的激励下产生与激励物质光波波长不同、强度受温度调制的二次发射荧光现象制成的一种光纤温度传感器。在实际制作过程中,将荧光材料黏结在被测表面,使其升温,并达到热平衡,由光纤的另一端输入激励光源光脉冲,经光纤传输至头部激活荧光物质。激励光脉冲过后,荧光材料的余辉由原光纤导出,通过光电探测器(光电倍增管)滤出线状光谱并测量其强度,再经信号处理器(计算机分析处理)换算成荧光材料温度,荧光物质受激发后的发射光谱或寿命随温度升降而变化,从而构成光纤荧光温度传感器。

2.5.6 发光涂料

与荧光涂料、反光涂料、自发光涂料等其他光功能涂料不同，蓄能发光涂料的主要成分为丙烯酸聚合物乳液、填料、阻燃剂、稀土类长余辉发光材料、助剂和水。蓄能发光涂料可以吸收太阳光或灯光等可见光，并将光能储存起来，当光激发停止后，再把储存的能量以光的形式慢慢地释放出来，持续时间可长达十几个小时，这种功能性光致发光涂料由于具有超长余辉发光、发光亮度高、发光时间长、无放射性等优点，可广泛应用于公用建筑、隧道及地下工程的辅助和应急照明以及公共场所安全通道的警示标志，能给人们在暗环境中的交通、作业，夜间生活和工程作业带来极大的方便。

蓄能发光涂料的耐光性和耐久性除与发光材料有关外，也取决于所用的树脂。选择树脂的原则是：与发光粉的匹配性能要好，要求发光粉在成膜物中能均匀地分散；无色透明且透光性良好，特别是它的紫外线透过率高，能更好地显示发光效果；各项指标要符合实际应用需要，如附着性、耐磨性、耐水性等，尤其是耐老化性能。丙烯酸树脂具有防腐蚀、耐光、耐候性佳、成膜性好、保色性佳、无污染、容易配成施工性良好的涂料、使用安全以及与发光材料的相容性好等优点，是目前使用较多的耐久性较好的一种优秀的涂料树脂。但丙烯酸树酯的耐水性及耐寒性差，限制了其作为建筑发光涂料的进一步发展。据报道，采用有机硅功能单体对丙烯酸树酯乳液进行改性，在丙烯酸聚合物中引入硅氧烷，可提高改性后的丙烯酸树酯乳液及涂料的性能，如提高涂膜的硬度、拉伸强度、透气性、耐磨性、抗黏着力、耐水性及耐紫外光照射性等，从而为制造高档建筑发光涂料提供一种优良的乳液原料。也有利用聚氨酯或环氧树脂对丙烯酸树酯乳液进行改性，制备双组分的聚氨酯丙烯酸乳液或环氧树脂-丙烯酸乳液，主要用于地坪涂料。还有其他体系如醇酸树脂、聚氨酯的发光涂料用于道路漆方面。随着环境保护法规的日益完善，要求涂料中的VOC(挥发性有机化合物)达到零排放或不排放,发光涂料已由原来的溶剂型向水溶性方向转变。

2.6　蓄能发光多功能材料特点与应用

2.6.1　蓄能发光多功能材料及其特点

蓄能发光多功能材料是安徽中益新材料科技股份有限公司在常规蓄能发光材料的基础上通过进一步研究,并通过先进的化工制备工艺以及材料复配技术开发而成的功能更为全面多样的新一代蓄能发光材料。除了常规蓄能发光材料所具备的延时发光、增光增亮功能之外,该材料还具有防火阻燃、耐酸碱、耐沾污、耐水洗、抗霉杀菌、抗静电、释放负氧离子、无毒无害、无放射性、可漫反射以及提高灾难环境中的透烟可视能力等多种特性,现已形成多功能涂料、多功能幕墙板、蓄能发光标线带、蓄能发光反光轮廓标、蓄能发光反光环、蓄能发光反光突起路钉等多种产品,获国家发明专利40余项。

鉴于蓄能发光多功能材料的功能特色,该项成果已纳入《建筑用蓄光型发光涂料》(JG/T 446—2014)、《多功能储能式发光涂料技术规程》(T/CCES 4－2019)、《公路隧道多功能蓄能发光材料应用技术指南》(T/CHTS 10060—2022)、《城市轨道交通隧道结构养护技术标准》(CJJ / T 289－2018)、《公路工程蓄能发光材料应用技术规程》(待发布)、《公路隧道光环境技术指南》(待发布)等6部国家、行业和学术团体的技术规范与标准之中。

作为蓄能发光多功能材料的一种,蓄能发光多功能涂料根据配方的不同,其延时发光的颜色还可呈现出绿色、天蓝色、黄绿色、蓝绿色、橘黄色、红色和白色等不同颜色,应用于不同功能性场景。基于现行国家规范和技术标准,通过国内外调研,蓄能发光多功能涂料与常规功能性涂料的性能对比,可归纳为表2-1。

表2-1　蓄能发光多功能涂料与常规功能性涂料的性能对比

主要性能		蓄能发光多功能涂料	常规功能性涂料				
			耐腐蚀、耐污染涂料	抗霉杀菌涂料	蓄光发光涂料	负氧离子涂料	抗静电涂料
耐水、耐碱、耐酸性		720 h不起泡，不剥落和泛白	168 h不起泡，不剥落和泛白	耐水：96 h漆膜无气泡、无龟裂现象；耐酸碱：48 h漆膜无异常	耐水、耐碱：168 h无异常；耐酸：48 h无异常	耐水、耐碱：96 h无异常；耐酸：48 h无异常	耐水：168 h不起泡、不脱落；耐酸碱：48 h漆膜无异常
耐沾污性		≤10%	多数≤15%，少数高档产品≤12%	—	≤15%	—	—
抗霉菌		Ⅰ级	—	Ⅰ级	—	—	—
抗细菌		Ⅰ级	—	Ⅰ级	—	—	—
发光亮度 mcd/m^2	激发停止10 min	≥50.0	—	—	≥50.0	—	—
	激发停止1h	≥10.0	—	—	≥10.0	—	—
放射性		内照指数≤1.0 外照指数≤1.3	—	内照指数≤1.0 外照指数≤1.3	内照指数≤1.0 外照指数≤1.3	内照指数≤1.0 外照指数≤1.3	—
释放负氧离子		≥350个/cm^3	—	—	—	≥350个/cm^3	—
抗静电		表面电阻$1\times10^5\sim1\times10^{10}\Omega$	—	—	—	—	表面电阻$1\times10^5\sim1\times10^{10}\Omega$
无毒无害性		满足生态环境部对环保标志产品的要求	只满足建筑内、外墙有害物质限量标准，多数未达到环保产品要求	只满足建筑内、外墙有害物质限量标准，多数未达到环保产品要求	只满足建筑内、外墙有害物质限量标准，多数未达到环保要求	只满足建筑内、外墙有害物质限量标准，多数未达到环保要求	只满足建筑内、外墙有害物质限量标准，多数未达到环保产品要求

由表2-1可见，蓄能发光多功能涂料在耐水、耐酸碱、耐沾污、抗霉菌、抗细菌、发光亮度、放射性、释放负氧离子、抗静电和无毒无害等方面具备明显的性能优势，而这些性能在很多工程实践应用中是至关重要的，甚至是必不可少的。

首先，耐水、耐酸碱性直接决定了涂料的耐候性能和使用寿命；耐沾污性影响到涂料在使用过程中的美观效果和清洗难度；抗霉菌性提高了涂料在潮湿环境中的适应能力；抗细菌性可以有效杀死空气中的有害细菌并抑制细菌的生产和繁殖；释放负氧离子能够改善空气质量，有益于人体的身心健康，对消除"雾霾"也能起到积极促进作用；抗静电性防止了因静电造成的安全事故。

其次，自然光及各种灯具发出的光中都有一些肉眼看不见的紫外线短波，多功能涂料可将200～400 nm的短波激发为可见光，达到增光增亮的目的。该性能对于节约照明能耗、降低建筑运营成本效益显著。安徽中益新材料科技股份有限公司所生产的产品的延时光波透烟能力极强，可保障发生火灾等意外灾害事故时的应急逃生照明，其社会效益不可比拟。

最后，放射性和无毒无害性是关乎人们生命健康的关键指标。通过市场调研发现，现在市售的一些负氧离子产品经国家建材检测中心测试，其放射性远远超出国家规范、标准的限定要求，更有甚者，放射性高出国标几百倍之多，让人瞠目。另外，涂料的无毒无害性应为涂料的基本属性，随着我国对环保事业的愈发重视，该项指标将得到强制实施和推广。

2.6.2　蓄能发光多功能材料应用研究

由于蓄能发光多功能材料具有节能环保、无毒无害等特性，可提高安全防灾能力、应急照明、节约照明能耗、净化空气以及营造有益于人体健康的生态环境等，可被广泛应用于公路隧道、铁路隧道、轨道交通工程、地下综合管廊工程、市政地下通道工程、军事与人防工程等多个领域,以及地下商场、高层建筑、车站、码头、学校、矿山等公共场所。下文重点介绍其在公路隧道、城市地铁、道路标志标线、地下综合管廊中的试验研究及其应用效果。

1.在公路隧道中的应用研究

根据公路隧道的实际需求,分别开展了蓄能发光多功能材料在公路隧道中的增光增亮、延时发光、可穿透烟雾、耐污染、耐水洗、释放负氧离子、增加光环境显色指数等方面的性能试验。

(1)增光增亮试验。

公路隧道属于暗环境,隧道进出口处的光环境由“明到暗”和由“暗到明”容易使司驾人员的视觉产生“黑洞”和“盲光”现象,通过对192组不同天气、季节、地理环境位置的公路隧道工程进出口光亮度的实测资料进行分析,两车道公路隧道中自然光散射进入隧道内的衰减规律见表2-2。蓄能发光多功能材料的延时发光和在烟雾状态下能有效增加可视距离的特点,使其可在隧道中起到应急照明的作用。

表2-2　两车道公路隧道中自然光散射进入隧道洞口内的衰减规律

与隧道洞距离/m	0	10	15	20	30	40	50	60
明亮度衰减/%	0	85.0～89.0	89.0～93.0	93.0～96.0	96.0～97.0	97.0～98.0	98.0～99.0	99.0～99.5

蓄能发光多功能材料具有优良的耐候性、耐沾污性、耐潮湿性、耐酸性、耐碱性、耐霉变性和耐老化性,其不会因隧道在运营和管理中的穿堂风吹、盐雾腐蚀、漏水潮湿、冷热变化、尾气与灰尘污染、水泥返碱、酸雨腐蚀、紫外线辐射以及除污洗涤等外界自然环境和人工维护洗刷的长期反复作用,而发生涂层开裂、粉化、剥落、变色、发光和延时发光性能衰减等现象,其技术指标等于或高于优等品的外墙涂料技术指标。隧道用蓄能发光多功能材料在隧道和地下工程极端恶劣环境中的

有效使用寿命大于15年。

试验表明，蓄能发光多功能材料在LED灯、高压钠灯、无极灯、日光灯、白炽灯、节能灯和太阳光等不同光源的作用下，其增长稳定后的增光增亮率为25%～160%，其中，LED灯光源照射下的增光增亮率最小，太阳光照射下的增光增亮率最大。增光增亮率与光源体照射时间的规律是：LED灯、节能灯、白炽灯和太阳光照射10 min后，增光增亮率开始稳定不再上升；无极灯、日光灯照射15 min后，增光增亮率开始稳定不再上升；高压钠灯照射50 min后，增光增亮率开始稳定不再上升。具体参见表2-3。蓄能发光多功能材料增光增亮的效果如图2-2所示。

表2-3　不同光源照射不同时间的增光增亮率

光源名称	照射不同时间的增光增量率/%					
	5 min	10 min	15 min	30 min	50 min	60 min
LED灯	20	25	25	25	25	25
高压钠灯	10	15	20	25	35	35
无极灯	30	50	60	60	60	60
日光灯	50	60	65	65	65	65
白炽灯	65	70	70	70	70	70
节能灯	70	90	90	90	90	90
太阳光	130	150	160	160	160	160

（a）普通涂料夜晚洞口照明亮度　　（b）蓄光发光多功能涂料夜晚洞口亮度

图2-2　蓄能发光多功能涂料对隧道辅助照明增光增亮效果

为了进一步验证蓄能发光多功能材料的增光增亮效果,我们开展了相关室内试验。首先,按照公路二车道隧道的设计尺寸,按1:5比例,施作室内模型,模型长度为15 m,如图2-3所示。室内模型试验采用自然光源、节能灯光源、LED光源、高压钠灯光源提供照明后的亮度增光效果如图2-4～图2-8所示。

图2-3　室内试验模型

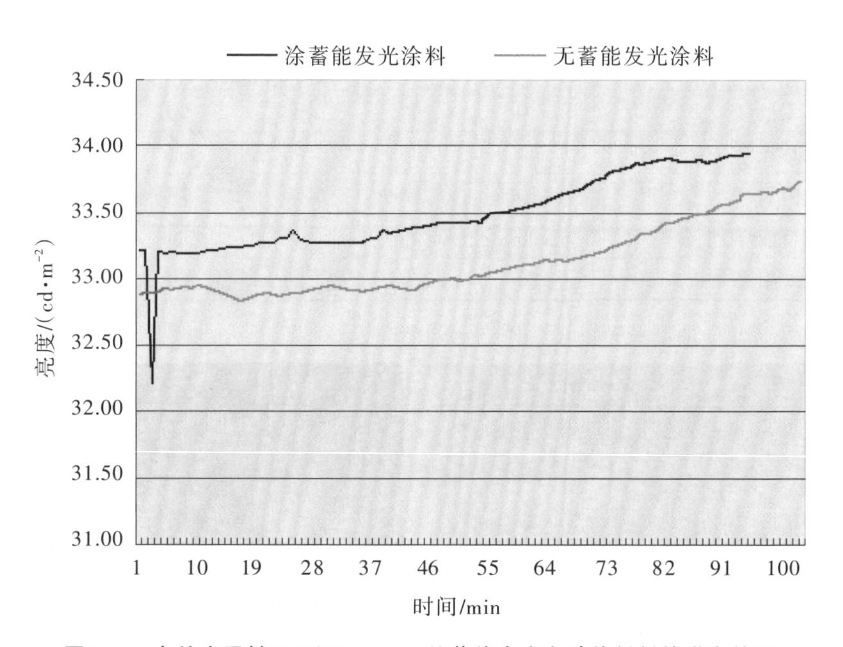

图2-4　自然光照射下距洞口7.5 m处蓄能发光多功能材料的增光效果

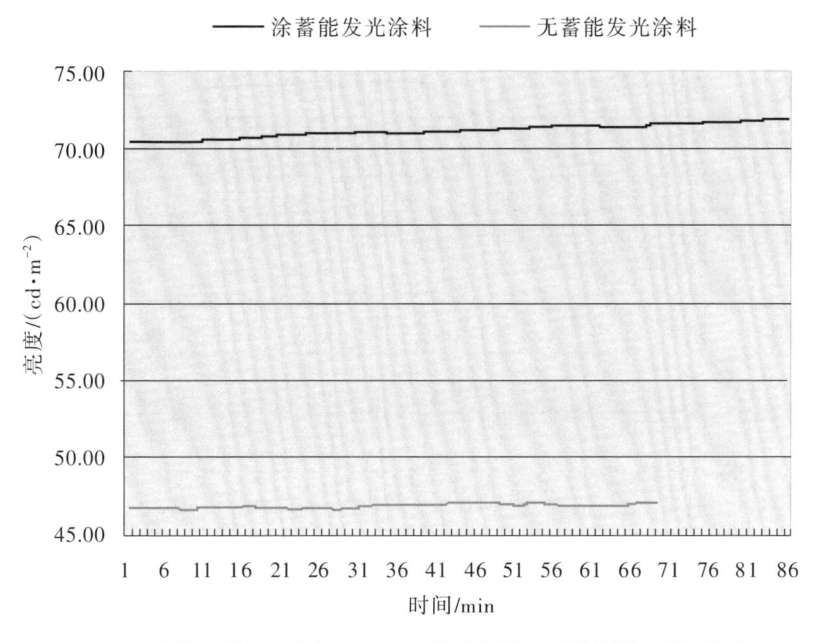

图2-5　自然光照射下距洞口3 m处蓄能发光多功能材料的增光效果

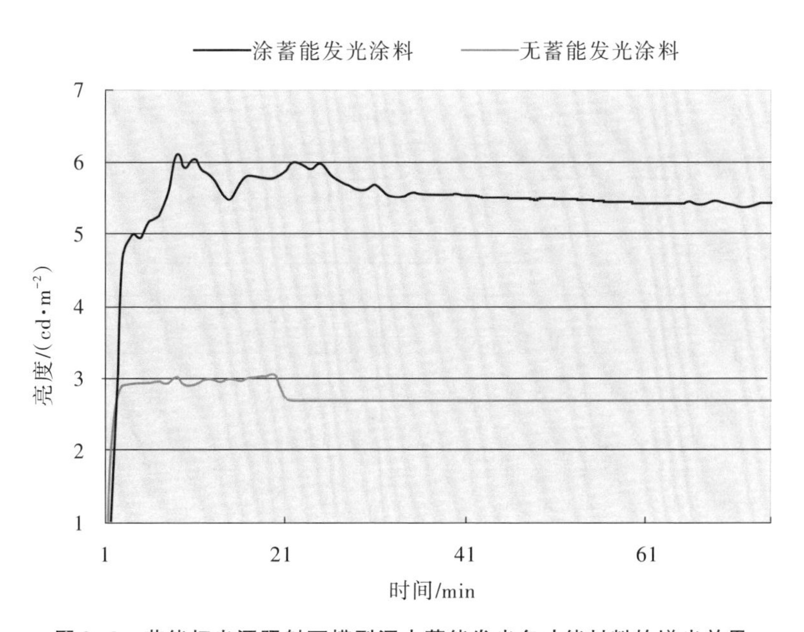

图2-6　节能灯光源照射下模型洞内蓄能发光多功能材料的增光效果

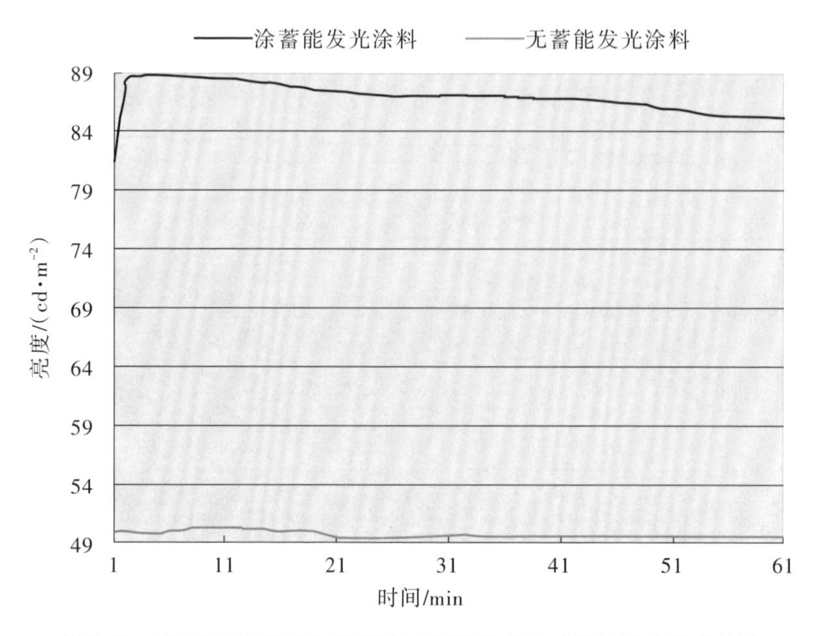

图2-7 LED灯光源照射下模型洞内蓄能发光多功能材料的增光效果

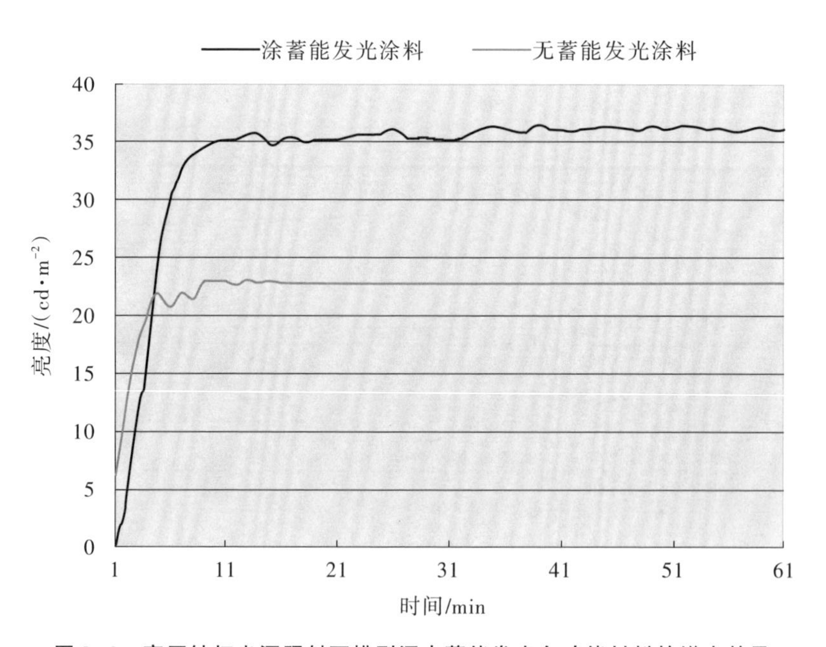

图2-8 高压钠灯光源照射下模型洞内蓄能发光多功能材料的增光效果

从模型试验的效果来看，蓄能发光多功能材料的增光效果非常明显。自然光增光率从模型洞口往洞内逐渐衰减，距洞口3 m处增光率为56.5%，距洞口7.5 m处增光率为25%；荧光节能灯的照射发光增光率为80%；LED灯的照射发光增光率为72%；高压钠灯的照射发光增光率为56%。蓄能发光多功能材料与照明光源高压钠灯、金属卤化物灯、无极荧光灯、节能灯、LED灯组合照明均可增加亮度；同时，发光涂料对太阳光的增亮效果更为明显，因为在太阳光内有大量的短波长紫外线，这种增亮效果符合公路隧道进出口的照明特点。

蓄能发光多功能材料在不同光源作用后，其延时发光时间超过12 h，如图2-9所示。表2-4中所列的是利用隧道模型，采用各种光源体分别照射喷涂了蓄能发光多功能材料的隧道模型洞室30 min，再关闭隧道内的照明光源体后，实测出的隧道内蓄能发光多功能材料辅助照明的延时发光试验参数。隧道型蓄能发光材料的特性在于增光增亮，而不是延时发光。

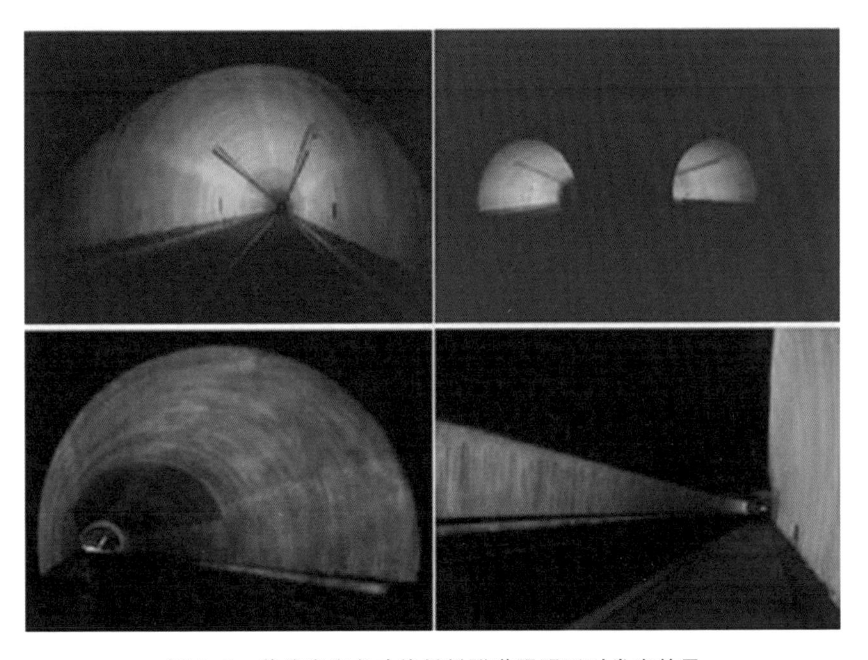

图2-9　蓄能发光多功能材料隧道照明延时发光效果

表2-4　不同光源体照射后蓄能发光多功能材料延时发光亮度试验值(隧道型)

时间/min	自然光	LED灯	高压钠灯	日光灯	节能灯	无极灯	金属卤化物灯
0	4.86	0.998	0. 66	0.23	0.101	1.215	0. 87
10	0.51	0.101	0. 18	0.052	0.015	0.106	0.14
30	0.062	0.035	0.01	0.024	0.007	0.038	0.036
60	0.026	0.016	0.008	0.014	0.004	0.004	0.014
90	0.019	0.009	0.006	0.013	0.004	0.001	0.008
120	0.013	0.007	0.005	0.010	0.003	0.0009	0.005
150	0.009	0.0033	0.002	0.009	0.001	0.0008	0.0021
180	0.008	0.0027	0.0009	0.007	0.0009	0.0007	0.0015
240	0.0042	0.0023	0.0008	0.004	0.0008	0.0006	0.0008
300	0.0031	0.0011	0.0007	0.0033	0.0007	0.0006	0.0007
360	0.0025	0.0008	0.0007	0.0027	0.0006	0.0005	0.0006
450	0.003	0.0007	0.0006	0.0023	0.0006	0.0004	0.0004
720	0.002	0.0006	0.0006	0.0011	0.0005	0.0002	0.0002

(2)延时发光及穿透烟雾浓度的可视距离试验。

文献资料表明,建筑物及地下工程在发生火灾时,真正被火烧死的人员约占火灾死亡总人数的1/4,而因无法逃生被烟雾熏死的人员占死亡总人数的3/4。各种试验及文献资料调研表明,在发生火灾时,如果建筑物内的烟雾浓度使人可视距离无法达到3m之外,人在建筑物中就很难逃生,故增强眼睛在烟雾中可视距离的能力尤为重要。蓄能发光多功能涂料穿透烟雾浓度与可视距离关系试验如图2-10所示,喷涂蓄能发光多功能涂料与普通涂料在相同烟雾浓度状态开关灯条件下的可视距离分别如图2-11(a)和(b)所示。

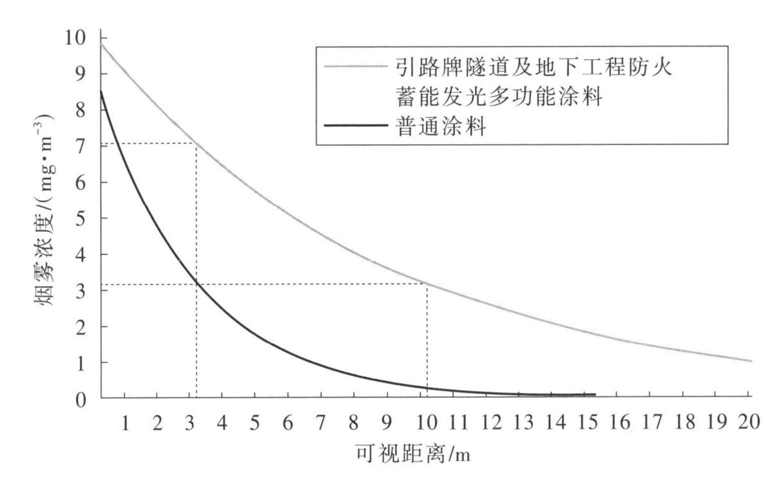

图2-10　蓄能发光多功能涂料穿透烟雾浓度与可视距离关系试验

(a)墙体喷涂蓄能发光涂料(开关灯)　　(b)墙体喷涂普通涂料(开关灯)

图2-11　相同烟雾浓度状态开关灯条件下的可视距离

(3)耐污染、耐水洗功能研究。

蓄能发光多功能材料具有耐污染、耐水洗功能,图2-12为隧道运营6年后洞内拱墙面耐污染现状对比图。图2-13为清洗隧道内拱墙面上的灰尘污垢图。

(a)普通涂料隧道墙面现状

(b)蓄能发光涂料隧道墙面现状

图2-12　隧道运营6年后洞内拱墙面耐污染现状对比

图2-13　清洗隧道内拱墙面上的灰尘污垢

(4)释放负氧离子研究。

蓄能发光多功能材料可激发周围空气分子,使其原子核外围的电子摆脱原子核的束缚而跃出轨道变成自由电子,跃出的自由电子很快附着在某些气体分子或原子上(特别容易附着在氧分子或水分子上),成为空气负氧离子(Aeroanion),同时可以通过调节蓄能发光多功能材料的配方以激发产生不同数量的负氧离子。安徽中益新材料科技股份有限公司生产的蓄能发光材料释放负氧离子的主要原理是添加了纳米钛等新材料,通过纳米级别的稀土元素离子来释放负氧离子。空气负氧离子具有净化空气、增强人体免疫力、改善身体健康状况、预防疾病等效果,其浓度与人类健康关系的对照如表2-5所示。

表2-5　负氧离子浓度与人类健康关系的对照

序号	环境场所	负氧离子浓度/(个·cm^{-3})	与人类健康的关系
1	森林瀑布	10 000～20 000	人体具有自然痊愈力
2	高山海边	5 000～10 000	杀菌、减少疾病传染
3	乡村田野	1 000～5 000	增强人体免疫力、抗菌力
4	旷野郊区	100～1 000	增强人体免疫力、抗菌力
5	公园	400～1 000	增强人体免疫力、抗菌力
6	城市公园	350～600	改善身体健康状况
7	街道绿化地带	200～400	微弱改善身体健康状况
8	城市房间	100	诱发生理障碍,如头痛、失眠等
9	楼宇办公室	4～50	诱发生理障碍,如头痛、失眠等
10	工业开发区	0	易发各种疾病

根据试验数据,按照国家标准《材料诱生空气离子量测试方法》(GB/T 28628—2012)构建了如图2-14所示的模型,测试了蓄能发光多功能材料释放负氧离子数量的测试方法,该方法是将4块固定表面

积的试样放入体积为1 m^3的测试舱内，通过一段时间的光照后，测量舱内负氧离子的体积浓度（单位：g/cm^3）。试样的表面积不同，释放负氧离子的数量不同，测试舱内负氧离子浓度也会发生变化，即通过计算单位表面积试样在测试舱内负氧离子的体积浓度来反映产品释放负氧离子能力。

图2-14　测试负氧离子数量模型

蓄能发光多功能材料电离产生的负氧离子降解$PM_{2.5}$的效果如图2-15所示。当负氧离子发生量为0个/cm^3时，室内$PM_{2.5}$浓度在9 h内基本保持不变，也可知$PM_{2.5}$自沉降是一个很慢的过程。当室内喷涂材料能够产生负氧离子时，室内$PM_{2.5}$会发生明显的降解。当室内负氧离子发生量为1 000，2 000，5 500个/cm^3时，其在9 h内对$PM_{2.5}$的降解率分别为58.5%，75.6%，82.9%。可见负氧离子发生量越大，对$PM_{2.5}$的降解效果就越好。负氧离子能够降解$PM_{2.5}$主要是因为组成$PM_{2.5}$的粉尘微粒大部分都带正电，负氧离子可与之中和，使其沉降；另外，在纳米负氧离子材料永久电极作用下，空气中O_2、H_2O等发生电离生成$O_2^-(H_2O)_n$、$OH^-(H_2O)_n$等负氧离子，这些负氧离子可与有机物发生氧化反应，降解$PM_{2.5}$中的有机污染物。试验结果表明，蓄能发光多功能材料对$PM_{2.5}$有明显的降解效果。

对于公路隧道这样相对密闭、机动车尾气易聚集的环境，在隧洞内壁应用此蓄能发光多功能材料，同样会起到降解 $PM_{2.5}$、减少雾霾的作用，进而也对周边环境起到保护作用。

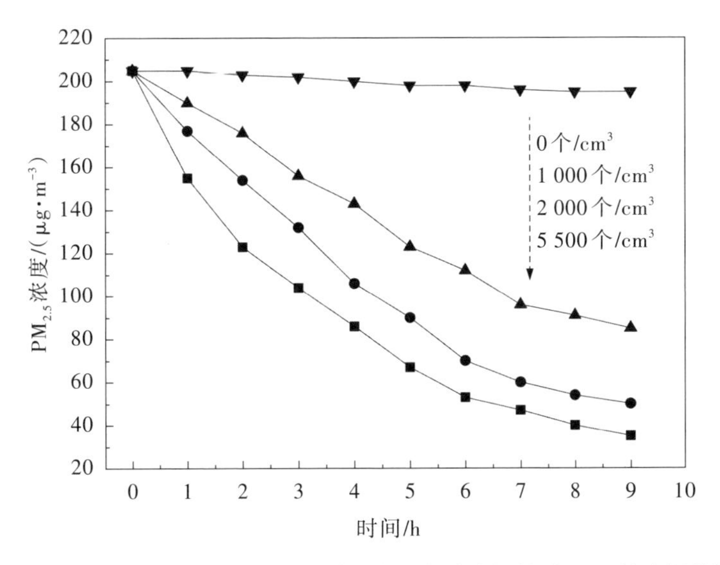

图2-15　不同负氧离子发生量的蓄能发光多功能材料对 $PM_{2.5}$ 的降解效果

（5）增加光环境显色指数理论。

蓄能发光多功能材料发光光波为480～580 nm，该光波可弥补人造光源的光谱缺陷；同时，蓄能发光多功能材料将200～400 nm短波长激发为可见光，使得光环境主波长向长波长方向移动，光波分布更为均匀，二者综合效果可明显增加不同色温光照环境的显色指数，提高照明环境的舒适性。图2-16是相同光源在蓄能发光多功能材料壁面与普通壁面环境下的光谱图，可以看出其在对应波长内的光更充足，波形较饱满，与太阳光光谱图波形更接近，显然显色指数也更高。由此可见，蓄能发光多功能材料可以增加照明环境的显色指数。这种材料用于公路隧道中，可以增加司机对物体的识别能力，大大有利于提高行车安全性。

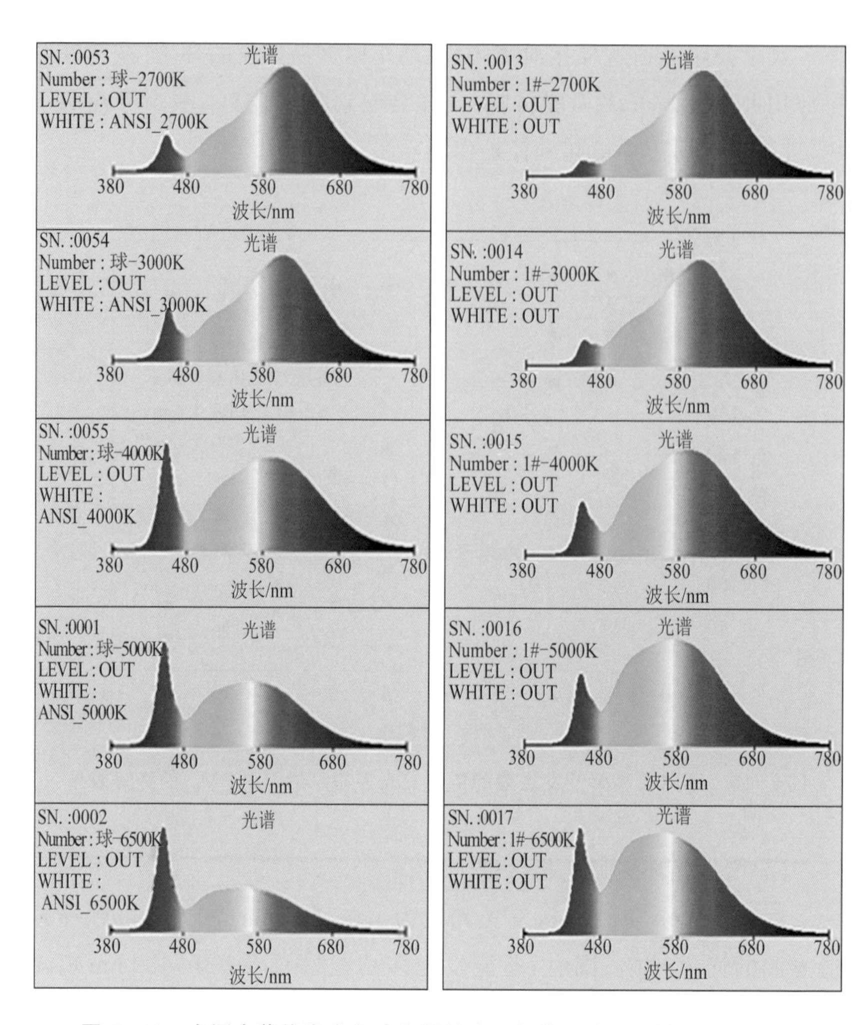

图 2-16　光源在蓄能发光多功能材料壁面与普通壁面环境下的光谱图

2.在城市地铁中的应用分析

目前,我国各大城市都在大力发展轨道交通工程。随着我国地铁建设里程的增长,设计、施工水平有了大幅度的提高,但是对地铁日常运营的管理仍存在很大的问题,如从各城市轨道交通的建设经营现状来看,大多数轨道交通工程处于政府补贴状态,盈利水平低,很多城市的地铁运营都处于亏损状态。当前城市地铁运营存在以下问题：

(1)维持运营耗电量巨大。凌晨0点至5点，为了对列车进行检修维护，仍然需要保持隧道内照明灯具的开启，这造成了大量的电能浪费。轨道交通属于市政公用工程，在此公共空间中，人流密度大，安全隐患多，内部空气质量较差，病毒细菌容易滋生，为此，地铁站内部需要大量的通风空调系统进行换气以保证隧道内的空气质量，这也需要消耗大量的电能。

统计显示，地铁能耗主要集中在车辆系统、通风空调系统、照明系统等方面，其分别占地铁能耗的45%，28%和20%。地铁中的照明灯具是全天24小时开启的，总耗电量相当大。据测算，2008年北京轨道交通线网规划用电量为6.5亿kW·h，约占北京市用电总量的1%；2015年北京轨道交通线网规划用电量为13.9亿kW·h，约占北京市用电总量的1.2%，年耗电量增幅平均达12%。以广州地铁为例，2009年运营票款收入为13.9亿元，不考虑固定资产折旧的运营成本为14.5亿元，运营亏损约0.6亿元。其中电费支出约为3亿元，占总成本的20.5%。

(2)一旦发生事故，逃生成问题。地铁处于城市地下，一旦发生暴恐袭击或火灾等大规模灾害时，内部使用的装饰材料在燃烧后会产生大量烟雾，且不易散去；同时，目前使用的地面指引标志标线在烟雾浓度大的情况下，指引效果很差，这会对人员的逃生造成很大阻碍。

如在地铁内部采用蓄能发光多功能材料代替传统装饰中采用的搪瓷板及氟碳幕墙板等，可以起到以下诸多效果：

(1) 搪瓷幕墙板属于高能耗的“夕阳”产业(搪瓷烧制温度≥850℃)，取代搪瓷板可起到节能环保的作用。

(2) 发生意外时可作为应急照明和指示逃生照明。

(3) 释放的负氧离子可净化空气质量，有益人体健康；光波可使工作人员情绪安定。

(4) 减少照明灯具数量或降低功率，减少工程建设和运营费用。

(5) 每天凌晨0点至5点的地铁停运阶段可关闭所有照明灯具，利用蓄能发光多功能材料的余辉保证维护维修的照明，达到节约照明能源的目的。

3.在道路标志标线中的应用研究

蓄能发光多功能材料在道路标志标线中已得到广泛应用，利用蓄能发光多功能材料的延时发光、增光增亮作用，蓄能发光标志标线可以为行人和无照明交通工具在夜间的安全通行提供引导和辨识指示作用。项目组在某农村公路中使用了蓄能发光标志标线，总里程20 km，该公路在满足夜间无照明车辆及行人的指示引导的同时，有效地节约了大量的电能和建设、维护费用，表2-6与表2-7对使用蓄能发光标志标线与其他产品的相关费用进行了对比，图2-17为蓄能发光标志标线的应用效果。

表2-6　蓄能发光标志标线与其他产品的经济比较

灯具类型	建设费用/(万元·km^{-1})	年维护费用(含电费)/万元	优缺点
普通路灯	22	1	明亮、耗电
太阳能路灯	26	0.2	明亮、不耗电、连续阴雨效果差
蓄能发光标志	35	0	不耗电、维护费用少、综合成本低

表2-7　蓄能发光标志标线与路灯的维修保养费对比

标志	1 km检修保养费/(万元·$年^{-1}$)	备注
路灯	0.5	换灯和维护费用
蓄能发光标志标线	0	使用寿命大于10年

图2-17　在路面标线中的应用效果

4.在地下综合管廊中的应用研究

蓄能发光多功能材料在地下综合管廊中也进行了相关应用，利用蓄能发光多功能材料的延时发光、增光增量功能，可以为地下综合管廊的管道检修提供良好的光环境，节能环保。同时，蓄能发光多功能材料释放负氧离子、抗霉杀菌的功能可以防止地下综合管廊湿环境下的相关设备生锈，提高管道的运营寿命。另外，蓄能发光多功能材料具有抗静电和遭重物撞击不产生火花的特点，非常适合在地下管廊中使用。图2-18为蓄能发光多功能材料在地下综合管廊中的应用效果实例。

图2-18　蓄能发光多功能材料在地下综合管廊中的应用效果

参考文献

[1]DIALLO P T, BOUTINAUD P. Red luminescence in Pr^{3+} doped calcium titanates[J]. Physicastatus Solidi(a),1997,160:255-263.

[2]尚用甲.稀土镨掺杂的$CaTiO_3$发光材料的制备与表征[D].湖南:中南大学,2008.

[3] 孙晓园,范小暄,何俊杰,等.$CaLuBO_4$:Tb^{3+}荧光粉的制备及发光性质[J].发光学报,2020,41(3):265-270.

[4] 马明星,朱达川,涂铭旌,等.化学共沉淀法制备$BaAl_2Si_2O_8$:Eu^{2+}荧光粉及其发光特性[J].稀有金属材料与工程,2010,39(S1):43-47.

[5]杨志平,田晶,李旭,等.凝胶燃烧法合成Ca_2SiO_4:Eu^{2+}微晶及其发光性质的研究[J].人工晶体学报,2008(2):368-371.

[6] 张平.花形铝酸锶系长余辉发光粉体合成新工艺及发光性能的研究[D].天津:天津大学材料科学与工程学院,2006.

[7]王晓娴.稀土RE^{3+}(Tb^{3+}、Eu^{3+})掺杂的以SiO_2和LaF_3为基质的纳(微)米发光材料的制备与发光性质的研究[D].呼和浩特:内蒙古师范大学,2012.

[8]刘全生,张希艳,王晓春,等.多彩长余辉发光陶瓷的研究[J].中国陶瓷,2005(1):52-55.

[9]柏朝晖,卢菲菲,于晶晶,等.$Sr_2Si_5N_8$:Eu^{2+}荧光粉的制备与发光性能[J].无机化学学报,2010,26(6):1003-1007.

[10] LIU L P, YAN X F, ZHANG Z M, et al. Novel functional coating: luminescent coating [J]. Advanced Materials Research,

2011,337:37-40.

[11] 李瑞芳. $SrAl_2O_4$: Eu^{2+}, Dy^{3+}发光粉的表面改性及应用研究[D]. 大连:大连理工大学,2009.

[12] 杨春晖. 涂料配方设计与制备工艺[M]. 北京:化学工业出版社,2003.

[13] 曹优明,郑仕远. 有机硅改性丙烯酸树脂荧光涂料的研究[J]. 应用化工,2003(6):35-37.

[14] 马洪霞,葛纪龙. 环境友好水性蓄能型发光涂料的制备[J]. 化工技术与开发,2014(9):8-10.

[15] 肖志国,罗昔贤. 蓄光型发光材料及其制品[M]. 2版. 北京:化学工业出版社,2005.

[16] 王晓春,刘全生,柏朝晖,等.长余辉光致发光涂料的制备及发光性能的研究[J].长春理工大学学报,2006,29(1):1-4.

[17] 刘福长,侯佩民.环境友好型蓄能发光涂料[J].精细与专用化学品, 2001(22):20-21.

[18] 蔡进军,王忆. 稀土掺杂硅酸盐体系长余辉发光材料研究进展[J]. 现代化工,2009(8):26-29.

[19] 姚伯龙,杨同华,罗侃,等. 蓄能发光功能涂料研究及其应用[J]. 涂料工业,2007,37(12):38-41.

[20] LUITEL H N, WATARI T, TORIKAI T, et al. Highly water resistant surface coating by fluoride on long persistent $Sr_4Al_{14}O_{25}$: Eu^{2+}/Dy^{3+} phosphor[J]. Applied Surface Science, 2010, 256(8): 2347-2352.

[21] 张金安.聚合物水泥长余辉蓄能发光涂料的制备[J].齐齐哈尔大学学报,2004,20(1):25-28.

[22] 黄韦星,曾和平,余力,等. 储能自发光涂料的研制及性能[J].

华南师范大学学报(自然科学版),2011(3):66-70.
[23] 郭廷云. 浅谈新材料在隧道路面应用中不同的施工工艺[J]. 中华民居,2011(11):93-94.
[24] 罗昔贤,郑孝全,段锦霞,等.碱土铝酸盐蓄光型发光材料的后处理研究[J]. 硅酸盐学报,2003(11):1058-1062.
[25] 于凯,关淑霞,张宏伟,等. 有机光致发光材料的研究进展[J]. 哈尔滨师范大学自然科学学报,2006,22(3):70-73.
[26] 郭斌,李秀辉,沈理忠,等. 乙烯基硅烷偶联剂表面改性铝酸盐长余辉发光颜料的研究[J]. 涂料工业,2007(10):21-24.

第3章　蓄能发光多功能材料应用于民防工程的可行性

随着我国经济建设的发展,民防工程及城市地下空间的建设开发速度异常迅猛。保障战时突发应急照明、平时使用节能降耗,以及保证内部空间环境健康、设备设施使用正常,是对民防工程效能的基本要求。

借助蓄能发光多功能材料在公路隧道、地下管廊以及标志标牌等方面应用的成功经验,利用其增光增亮、延时发光、防火阻燃、耐酸碱、耐沾污、耐水洗、抗霉杀菌、抗静电、重物冲击不产生火花、释放负氧离子、无毒无害、无辐射及使用寿命长等特点,将其应用于民防工程,可解决目前民防工程中存在的诸多需要引起足够重视的问题。

3.1 民防工程中的隐患分析

3.1.1 民防工程安全防火问题

民防工程作为地下空间的一部分,构筑在地下岩体或土体中,由于其空间相对封闭狭小、出入口数量少、自然通风条件差以及难以实现天然采光等结构特性,在消防方面有着比地面建筑更多的不利因素。一旦发生火灾,造成的人员伤亡和损失程度便十分严重。

(1) 烟害特别严重。由于民防工程等地下空间狭小封闭,火灾时不完全燃烧会产生更多有毒有害气体,大量热量和烟气快速积聚,得不到有效排除,迅速充满整个地下空间,将造成严重灾害。据国内外资料表明,火灾中烟气致死人数一般占总死亡人数的60%~70%,有不少人都是先窒息后被烧死的。

(2) 人员疏散困难。民防工程等地下空间与外界连通的出入口较少,在发生火灾时,人员疏散的方向和烟气流通的方向一致,且地下空间采用的人工照明因烟气笼罩而降低了其显示度,加之地下空间复杂、疏散线路过长,人群易产生恐慌情绪而盲目逃窜,造成不能及时疏散以致人员伤亡的严重后果。

(3) 扑救工作十分困难。由于地下空间相对封闭,难以确定火灾发生的准确位置。由于出入口较少,消防人员与疏散人员容易在进、出时形成人流交叉,延误扑救时机。过多的有毒有害烟气及高温热量快速积聚,更是加大了火灾的扑救难度。在消防人员无法进入地下空间进行扑救工作的情况下,只能任其燃烧至熄灭,造成更为严重的经济损失。

民防工程是一个多专业交叉的领域,其地下空间火灾防治问题几乎涉及所有的土木工程专业,如建筑、结构、通风工程,同时还涉及材料、燃烧、消防等多个专业。目前关于地下空间的火灾机理与防灾研究已成为国际地下空间和隧道科学以及火灾科学研究的热点，最具影响力的是2002年9月1日由欧洲近40个研究实体启动的为期4年的欧洲隧道防火计划（简称UPTUN）研究项目。同时，比利时自然科学基金最近正在资助有关自密实混凝土高温爆裂现象的研究项目。日本对地下空间灾害的研究更是投入巨大，目前也取得了一些可喜的成果。

3.1.2　民防工程供电保障与能耗问题

根据《人民防空地下室设计规范》（GB 50038—2005），为保证工程内部的人员和设备正常工作和运行，民防工程的电力系统按供电可靠性可分为三级，其中Ⅰ级负荷为凡是因突然停电将严重影响作战指挥和通信联络的正常工作、影响工程安全或造成机械设备损坏的负荷。通常采用双电源、双回路在负荷侧自动切换的供电系统，战时应急照明都属于Ⅰ级负荷，充分体现了应急照明的重要性。Ⅱ级负荷是虽然停电造成的后果同Ⅰ级负荷相同，但是允许有短时停电。Ⅱ级负荷通常采用双电源、双回路负荷侧切换供电系统。Ⅲ级负荷则是当停电后造成人员工作和生活的不便和困难，但不致影响作战指挥和主要通信联络的负荷。Ⅲ级负荷通常在供电可靠性方面无特殊要求，一般采用单回路供电即可。虽然规范中对民防工程的电力保障制定了较为具体的相关设计要求，但由于工程内部的柴油发电机组及电站均属于战时负荷，平时鲜少使用，设备易发生故障，同时在复杂的战时情况下，电力系统易受袭造成供电故障，甚至大面积停电。这些都给民防工程的战时照明、应急照明造成了较大的隐患。

基于“战时防空、平时服务、应急支援”的使命要求，在不影响防空袭能力的前提下，和平时期人民防空建设设施可用于服务社会，直接成为城市建设、经济建设的一部分，产生良好的社会效益和经济效益。这种平战结合工程最典型的有地下通道、地下停车场、地下商场、地铁、公路隧道、铁路隧道、过江隧道和海底隧道等。在此类工程使用中，电量消耗明显。以地下停车场为例,其照明系统最大的特点是需要24 h不间断运行,鉴于实际照明需求中明显的“潮汐现象”,即高峰时段与低谷时段的差异明显,往往造成无效照明时间长、耗电量大,浪费严重,如何有效节能成为一个迫切需要解决的难题。

3.1.3 民防工程空气污染问题

环境空气质量将影响民防工程内人员的实际感受甚至健康,尤其是存在大量人员集聚的人员隐蔽类民防工程。民防工程内的空气环境与地面建筑物相比,由于受岩石(土壤)、相对封闭空间等因素的影响,存在空气不流通的现象。

影响民防工程内空气环境质量的参数指标包括:

(1) 由空气温度、空气湿度、空气流速等组成的热环境指标。

(2) 由二氧化碳、一氧化碳、含尘量、细菌、挥发性有机化合物、氡及其子体、负氧离子等组成的空气品质指标。

(3) 由噪声、照度、色彩等组成的物理环境指标。

影响民防工程内空气环境质量的主要原因有:

(1) 地下空间中的空气湿度过高。这会导致霉菌霉变,空间内空气质量差。

(2) 地下空间中的微生物较多。微生物喜爱潮湿、阴暗的环境,地下空间恰好符合这一环境条件。由于光照条件和通风条件较差,空气中多余水分无法蒸发,人类的活动降低了空气中氧气的含量,增加了空气中二氧化碳的含量,加重了空气湿度,这些都给微生物的生长和繁殖提供了良好的条件。

(3) 通风与光照条件差。阳光一般无法直接照射到地下空间,得不到充足的光照,地下空间空气中的微生物等有害物质就不能被及时杀死;另外,通风条件相对差,空气得不到有效更换,也使得地下空间室内建筑中的电器、建材等设备的使用寿命受到影响。

3.1.4 民防工程影响人员心理问题

现在使用的《人民防空地下室设计规范》(GB 50038—2005)未能很好地考虑人员的心理影响因素。战争时期,当空袭来临时,大量人员从外部空间进入民防工程,凌厉的防空警报响彻云霄,内部环境缺乏光照,且存在光照不均匀、光环境过渡差等问题,这种方向性感官差异会导致人员产生恐慌情绪,再加上环境巨变因素的影响,势必会造成大量人员产生心理和生理不适,给战时人员的安全撤离和有序掩蔽带来额外的负担,大量增加社区工作者、民防志愿者和民防工程管理人员的工作量。

针对民防工程中存在的诸多隐患,结合战时特殊时期的具体情况,目前民防工程需要对以下几类问题给予足够重视:

(1) 当战时城市遭受网络攻击或石墨纤维弹空袭导致突然大面积停电时,民防工程如何有效维持应急照明需求?

(2) 当大量人员进入民防工程掩蔽时,如何保障其内部的空气质量?

(3) 若遇空袭或发生火灾致使工程内部产生大量浓烟时,怎样迅速组织内部人员有序快速撤离?

(4) 部分民防工程出入口设置不够明显,不利于人们识别和对空间内部布局的整体把握。

(5) 从外部空间进入地下空间时,缺乏过渡空间与环境的处理,难以很好地考虑到人的心理因素,极易加剧人们的恐惧心理。

诸如上述问题,均对民防工程的设计、建设、使用、维护带来新的挑战。为此,在民防工程中开展蓄能发光多功能材料的应用研究,就是一个新的研究思路。

3.2 蓄能发光多功能材料应用的可行性分析

蓄能发光多功能材料所具备的增光增亮、延时发光、防火阻燃、抗霉杀菌、释放负氧离子、防静电、可增加透烟可视能力以及无毒、无放射性、化学性能稳定等特点，与民防工程在节能、防灾和环保方面的实际需求相吻合。将该类材料科学地应用于民防工程之中，有助于民防工程效能的进一步提高。

3.2.1 民防工程应急照明应用分析

民防工程是战时保障人民群众生命安全的重要建筑设施，其内部的生活和工作环境完全依靠电力照明。通常采用双电源、双回路在负荷侧自动切换的供电系统。根据《人民防空地下室设计规范》(GB 50038—2005)，民防工程战时应急照明都属于Ⅰ级负荷，充分体现了应急照明的重要性。当意外停电时，民防工程目前采用的应急照明电源主要有以下几种类型：

(1) 大、中型民防工程一般均有两路独立的城市电网电源，或者一路城市电网电源和各自备柴油发电机组。

(2) 大型民防工程和战时要求高的民防工程一般均有柴油发电机组，一般可在15 s内满足应急照明中的疏散照明和备用照明的供电要求。

(3) 民防工程中应用最普遍的应急照明灯由自带蓄电池供电。但以上措施均是在有电力的情况或者依靠人工电源进行工作的，一旦发生战争断电或者由火灾造成人工电源损毁时，势必导致人员安全受到严重威胁。

为了充分保障民防工程的安全抗灾能力，有必要采用多种技术手段来提升应急照明的可靠性。试验表明，蓄能发光多功能材料受灯具光源照射1 h，可提供至少1 h的高亮度应急照明以及后续12 h以上的指示照明。如果将该材料应用于人员掩蔽工程、指挥所工程等民防工程，在战时因遭袭断电时，可较好地保障民防工程内部照明应急，并为相关设施设备紧急检修排查提供照明条件。

此外，利用蓄能发光多功能材料的以下独特性能，可为民防工程提供辅助照明效果：

(1) 蓄能发光多功能材料具有增光增亮和延时发光特性，将该材料用于民防工程口部，既可提高其可识别度，又可增加入口处的光照均匀度，增亮过渡光环境，改善人们从外部空间进入地下空间时紧张不适的心理状态。

(2) 各种人造灯具光源的光谱均具有不连续性，久而久之易使人产生精神压抑、情绪烦躁等状况，而蓄能发光多功能材料是以改性稀土铝酸盐(或硅酸盐)为基础并经高科技手段所制成，可自主释放可见光波，弥补常规灯具的光谱缺陷，明显提高民防工程内的照明显色指数和光环境舒适性，可消除工程内部因方向性感官差异导致对人的生理和心理产生的抑郁影响。

3.2.2　民防工程节能降耗应用分析

实现碳达峰、碳中和是我国经济社会一场深刻的系统性变革。为响应国家节能减排号召，研究碳中和、碳达峰目标下的民防工程新技术，也是民防科技人员的职责所在。民防工程建设，不仅要考虑其战备效益，同样也需要将节能减排理念融入其中。民防工程在战时，照明负荷一般占工程总负荷的20%；在平时，由于只有少量维护管理任务，照明负荷成为工程的主要负荷，占总负荷的40%～60%。工程内部既要满足各作业面的照度要求，又要节约能源，客观上要求必须进行绿色照明的推广和应用，不但符合国家整体发展的大局，也是创建绿色民防工程的重要一环。

传统意义上的照明节能主要包括以下几个方面：

(1) 选用节能型电光源。采用紧凑型荧光灯代替普通白炽灯，节电70%～83%。

(2) 选用节能型镇流器。镇流器具有功效高、能耗小等优点。

(3) 选用节能型灯具。可选择一些轻型灯具，尽量用线吊或链吊，灯头采用卡口式。

(4) 选用节电型照明供电方式。民防工程照明配电方式一般采用单相二线制,在负载分配对称时,单相三线制供电比单相二线制供电的线减少了3/4。民防工程在低压线路供电半径比较大的情况下,采用单相三线制供电方式尤为经济。

(5) 改变照明控制技术。通常传统的照明控制方式是利用开关控制。但一个开关往往同时控制数个灯具,这造成了不必要的损耗。目前,智能照明技术发展迅速,它与计算机技术、通信技术及数字调光技术相结合,使灯光控制从传统的普通开关过渡到智能化开关,不仅能控制光源发光时间,还能用亮度配合不同应用场合做出灯光场景,实现系统自动化。

但以上措施均是在有电力的情况下工作的,而蓄能发光多功能材料所具有的增光增亮和延时发光特性,则可为民防工程内部的节能降耗提供一种新的技术途径。据试验证实,在确保照明亮度不变的情况下,可节约大于20%的电能。

为了测试蓄能发光多功能涂料可节约的电能,我们选取民防工程模拟实验室,在实验室的6个墙面全部喷涂上相同厚度的蓄能发光多功能涂料,根据不同房间设置不同功率的节能灯,测试其吸收饱和所需时间,以及关灯后的余辉曲线;再根据余辉亮度值(0.5 lx)确定何时再继续开灯,以24 h为周期,计算节约的电能。由表3-1可以看出,房间内所使用的灯泡功率越低,蓄能发光多功能涂料吸收光能达到饱和所需的时间就越长。

表3-1　蓄能发光多功能涂料在不同功率灯具照射不同时间后的初始余辉亮度

功率/W	时间/min									
	0	30	50	70	90	110	120	130	140	150
60	310.36	311.13	315.36	316.27	317.21	318.27	318.33	319.08	320.02	320.06
80	310.42	312.27	316.45	317.35	318.26	319.05	319.29	320.01	320.05	320.04
120	310.32	313.26	317.23	318.24	319.65	319.07	320.13	320.14	320.13	320.15

当房间内2个灯泡的功率为60 W时，蓄能发光多功能涂料吸收光能达到饱和的时间是2 h，暗视觉可辨识度为9号字时，照度约为0.5 lx，余辉时间为35 min，一天24 h内，开灯2 h、关灯35 min，重复此过程，计算一天内关灯时间为9.3×0.58=5.394 h，共节能0.12 kW×5.394 h=0.647 kW·h，则一年共节约电能0.647×365=236.16 kW·h。

同样也可测算房间内配备其他不同功率的灯泡时所节约电能的情况。在民防工程中实际应用时，根据蓄能发光多功能涂料的涂刷面积和照明灯具功率的大小则可大致测算出所节约的电能。

3.2.3　民防工程环境保护应用分析

民防工程开发利用的环境要求与环境控制将被愈加重视，新的建筑装饰材料，尤其是环境改善类材料亟须开发。当发生战争、大规模灾害时，民防工程内会聚集大量人口，但是民防工程处于封闭状态，内部空间空气质量欠佳，生存环境较差。借助蓄能发光多功能材料的使用，可较好地改善工程内部环境，保障人员身体健康。

蓄能发光多功能材料可释放被称为空气环境“维生素”的负氧离子，环保、无毒、无害、无辐射。世界卫生组织给出的环境场所负氧离子浓度与人体健康关系参见第2章表2-5。根据工程实践，蓄能发光多功能材料可以释放出1 000个/cm^3以上的负氧离子浓度。因此，利用该材料特性，可以较好地提高民防工程内部环境空气质量，有效保障工程内部人员的身体健康。

此外，蓄能发光多功能材料可自主释放可见光波，弥补灯具的光谱缺陷，明显提高民防工程内的照明显色指数和光环境舒适性。该材料所具备的抗霉杀菌、耐酸碱、耐沾污、自洁净等特性，也有利于对物资储备库中物资的长期储备与保存，同时也有助于抑制民防工程内的设备设施生锈和延长其使用寿命。蓄能发光多功能材料的使用寿命大于20年，可有效降低全寿命期维护费用。

3.2.4 民防工程防灾逃生应用分析

蓄能发光多功能材料具有余辉透烟能力强的特性。在民防工程内部墙面、地面涂装应急逃生指示方向标志,当民防工程内部发生火灾等突发事件时,可在烟雾环境下发挥照明引导作用,使得工程内部人员可以有序快速撤离,从而防止或减少意外人员伤亡。

在静电放电造成的电子设备损害中,活动的人体带电是一个重要原因。人体所带静电较多时,会引发放电现象,严重时甚至会击毁电子产品电路板等部件。民防工程中的指挥所工程,内部配备有数量众多的计算机通信设备,静电影响也是一个需要给予足够重视的问题。利用蓄能发光多功能材料进行民防工程内部装饰,借助其抗静电性能,可以对内部电子设备起到较好的保护作用。同时,因蓄能发光多功能材料具有防火阻燃、重物冲击下不产生火花等特点,可以达到工程结构防火的目的,并有效减少其维护费用。

3.2.5 民防工程使用耐久性应用分析

民防工程属于地下工程,地下空间内一般难见阳光且湿度较大。蓄能发光多功能涂料的耐久性主要体现其耐水性、耐酸性、耐碱性、耐磨性以及涂层耐温变性、耐洗刷性和耐人工气候老化性。经国家建筑材料测试中心检测,蓄能发光多功能涂料的耐水性、耐酸性、耐碱性均在720 h以上,比行业标准《建筑用蓄光型发光涂料》(JG/T 446—2014)中的标准值360 h高出1倍。鉴于涂料在实际工程中使用的年限较久,一般采用人工加速老化的试验方法来评价材料的使用耐老化寿命。根据《建筑用蓄光型发光涂料》(JG/T 446—2014),涂料的涂层耐温变性需进行3次循环试验后无异常,而蓄能发光多功能涂料可达到5次循环后无异常,耐洗刷超过1 000次。其耐人工气候老化1 000 h无异常,也超过标准要求的600 h,见表3-2。

表3-2 蓄能发光多功能涂料耐久性指标与相关行业标准对比

<table>
<tr><th>性能</th><th colspan="2">蓄能发光多功能涂料实测值</th><th colspan="2">JT/G 446—2014标准要求值</th></tr>
<tr><td>耐水性</td><td colspan="2">720 h无异常</td><td colspan="2">168 h无异常</td></tr>
<tr><td>耐酸性</td><td colspan="2">720 h无异常</td><td colspan="2">168 h无异常</td></tr>
<tr><td>耐碱性</td><td colspan="2">720 h无异常</td><td colspan="2">168 h无异常</td></tr>
<tr><td>涂层耐温变性</td><td colspan="2">5次循环无异常</td><td colspan="2">3次循环无异常</td></tr>
<tr><td>耐洗刷性</td><td colspan="2">≥10 000 次</td><td colspan="2">10 000 次</td></tr>
<tr><td rowspan="6">耐人工气候老化性</td><td colspan="2">1 000 h</td><td colspan="2">600 h</td></tr>
<tr><td>外观</td><td>无明显起泡、剥落及裂纹</td><td>外观</td><td>无明显起泡、剥落及裂纹</td></tr>
<tr><td>粉化</td><td>≤1级</td><td>粉化</td><td>≤1级</td></tr>
<tr><td>变色</td><td>≤2级</td><td>变色</td><td>≤2级</td></tr>
<tr><td>发光亮度下降率</td><td>≤20%</td><td>发光亮度下降率</td><td>≤20%</td></tr>
<tr><td>余辉时间</td><td>≥12 h</td><td>余辉时间</td><td>≥10 h</td></tr>
</table>

开展蓄能发光多功能材料的应用研究时，基于不同类型民防工程的功能特性，可有不同的研究重点。例如，对于指挥通信工程，蓄能发光多功能材料的抗静电、增光增亮性能是重点；对于人员隐蔽工程，其延时发光、释放负氧离子和余辉透烟能力是关键；对于医疗救护工程，其释放负氧离子和增光增亮效应应给予更多关注；对于配套工程中的物资库工程，可侧重研究其防火阻燃、抗霉杀菌效果等。

综上所述，通过将蓄能发光多功能材料应用到民防工程中，可有效解决目前民防工程建设及维护中遇到的问题，具有很强的实际应用价值。

参考文献

[1] 郭紫君,曹源.地下车库与人防工程通风系统平战结合设计实例[J].工程建设与设计,2021(9):35-40.

[2] 李宜岩.人防工程装饰材料与空气质量[J].建材与装饰,2017(48):46.

[3] 唐亮.浅析地下人防工程防潮除湿应用方案[J].中国新技术新产品,2015(11):124.

[4] 文正江,韩旭,刘迎新,等.地下建筑空间空气污染物的试验研究及来源分析[J].洁净与空调技术,2012(2):9-13.

[5] 靳晓强.谈人防工程电气设计中的节能措施[J].山西建筑,2017,43(21):172-173.

[6] 孙维莎.人防工程照明节能技术的运用实践与实施要点略述[J].黑龙江科技信息,2017(18):185.

[7] 杨勇,王金全,刘德勇,等.人防工程照明节能技术应用探讨[J].电气技术,2008(11):45-48.

[8] 冯守中.绩黄高速玉台隧道光纤照明应用技术研究[J].地下空间与工程学报,2012,8(S1):1426-1430.

[9] 周豫菡,朱合华,冯守中.公路隧道基本段照明亮度对隧道能见度的影响研究[J].照明工程学报,2013,24(5):28-33.

[10] 周豫菡,朱合华,冯守中.公路隧道能见度与烟雾浓度的概念辨析及计算分析[J].公路交通科技,2013,30(10):152-158.

[11] 冯守中,李洁,白杲.基于蓄能发光多功能材料的公路隧道应急逃生照明研究[J].公路交通科技,2017,34(5):102-108.

[12] 冯守中,高巍,王军.蓄能发光多功能涂料辅助隧道照明试验研究[J].现代隧道技术,2016,53(4):189-194.

第4章　蓄能发光多功能材料在民防工程中的应用效能

蓄能发光多功能材料在公路隧道、城市地铁、道路标志标线、地下综合管廊、市政地下通道等多个应用领域，均得以应用，并取得了较为理想的成效。鉴于民防工程的战备属性，且作为一种特殊类型的地下工程设施，其种类较多、结构复杂、防护要求强。如何充分发挥蓄能发光多功能材料在民防工程中的应用效果，需要进行专门的深入研究。

本研究依托安徽中益新材料科技股份有限公司院士工作站建立了一个民防工程模拟实验室，实验室中设置有指挥通信室、医疗救护室、人员掩蔽室、民防物资库以及负氧离子室等工程模拟室，并根据各模拟室的工程特点，对每个室房间内部不同部位（如墙体和地面）涂装了蓄能发光多功能材料，开展了多方面的研究与测试，获得了预期效果，也为后续的系列试验研究提供了技术支撑与保障。

4.1　民防工程用蓄能发光多功能材料的用途

借助蓄能发光多功能材料的特性，将其应用于民防工程，具有如下多方面的优势：

(1) 借助其延时发光特性，在战时因遭袭断电时，可有效保障民防工程相关设施设备检修排查的照明要求以及引导工程内部人员的有序撤离。

(2) 借助其增光增亮特性，可在民防工程平时使用过程中，在确保照明亮度不变的基础上节约耗电25%以上，实现节能降耗。

(3) 因其可释放负氧离子，且环保、无毒、无害、无辐射，可有效改善内部空间空气污染、质量差的问题，尤其是在战时人员隐蔽工程中大量人员聚集的场所。

(4) 由于其烟雾穿透能力强，在工程内部发生火灾时，可发挥逃生指示的作用，从而防止或减少意外伤亡。

(5) 作为民防工程内部装饰材料，其抗静电功能可避免人体在空间内移动所产生的静电，因而有利于人防指挥所等工程内部计算机通信设备或其他电子设备的安全保护，以保障设备设施使用的稳定性。

(6) 借助于其抗霉杀菌特性，可改善内部环境质量、抑制民防工程内的设备设施生锈和延长其使用寿命。

(7) 在民防工程出入口使用，可以增加入口处的光照均匀度及过渡光环境，改善人们从外部空间进入地下空间时紧张不适的心理状况。

(8) 各种灯具人造光源的光谱具有不连续性，久而久之易使人产生精神压抑、情绪烦躁等状况，而该材料的发光光谱则可弥补该缺陷。

(9) 该材料的使用寿命大于20年，可有效降低全寿命期维护费用。该特性对保障医疗救护工程、物资库工程的效能，也起到一定的促进作用。

4.2　民防工程用蓄能发光多功能材料发光性能研究

针对民防工程中蓄能发光多功能材料的发光性能，分别开展了其增光增亮、延时发光以及涂层厚度与发光亮度关系等方面的研究。

4.2.1　增光增亮性能研究

在研究过程中，采用节能灯照射喷涂有蓄能发光多功能涂料的民防物资库房间，从开灯计时，每隔一段时间测试固定点的照度值，并记录数据。

试验结果（图4-1）表明，在节能灯光源照射下，经过与无涂装蓄能发光多功能材料的房间对比，发现涂装蓄能发光多功能材料的房间增光增亮率在80%左右，这表示蓄能发光多功能材料应用在民防工程中可以起到很好的辅助照明作用。此外通过对物资库开灯后照度和时间变化曲线（图4-2）分析可知，在前20 min内，照度值随时间迅速下降，后又上升直至稳定不变。

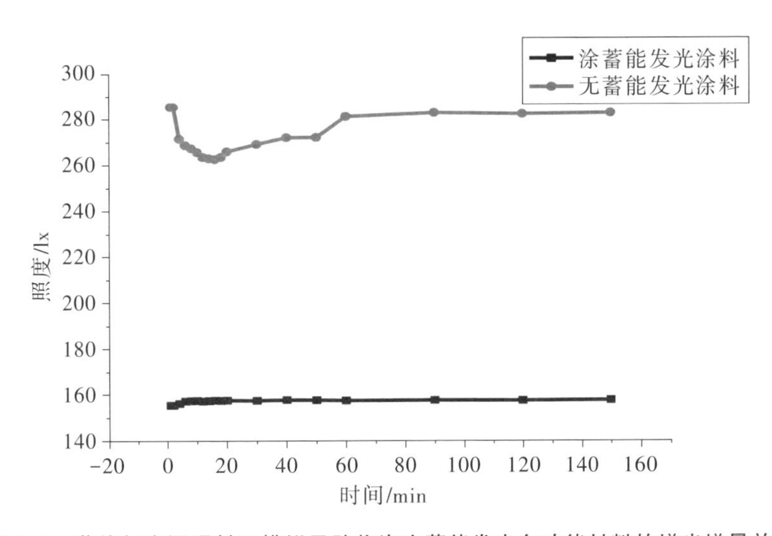

图4-1　节能灯光源照射下模拟民防物资库蓄能发光多功能材料的增光增量效果

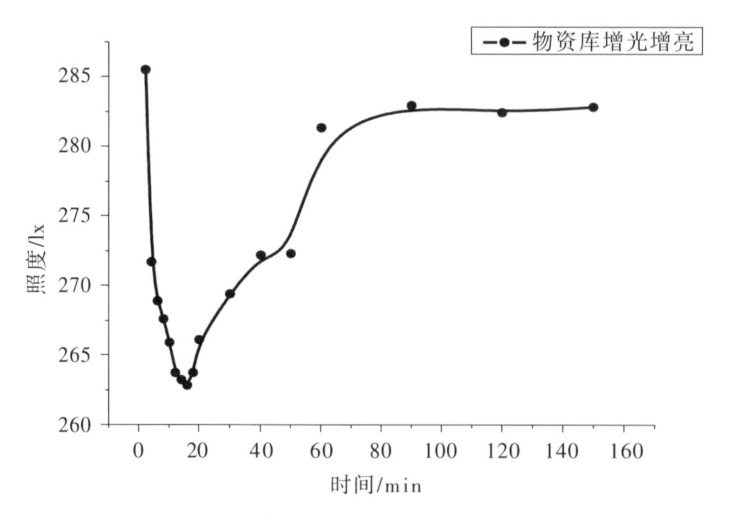

图4-2 物资库开灯后照度和时间变化曲线

4.2.2 延时发光性能研究

物资库工程和医疗救护工程在战时一旦处于断电状态,会发生物资无法及时供应、手术无法正常进行的情况。因此,针对民防物资库和医疗救护室,研究了它们在断电1 h后室内照度的变化情况,分别如图4-3和图4-4所示。结果表明,虽然断电后室内照度值有大幅度降低,但人眼仍具有与明视觉条件下相当的辨识度。可见,蓄能发光多功能材料的应用起到了较好的应急照明作用。

4.2.3 涂层厚度与发光亮度关系研究

在民防工程中,涂料的喷涂工艺一直属于关键性问题之一,因为其涉及材料的成本问题。蓄能发光多功能涂料与普通涂料相比,其黏稠度较大,喷涂难度也较大,选取合适的厚度成为其影响发光和施工进度的关键。

选取4块大小相同的测试铝板作为基材,将其表面处理干净后烘干待用。配置相同比例的涂料,将其喷涂在测试铝板上,喷涂厚度分别

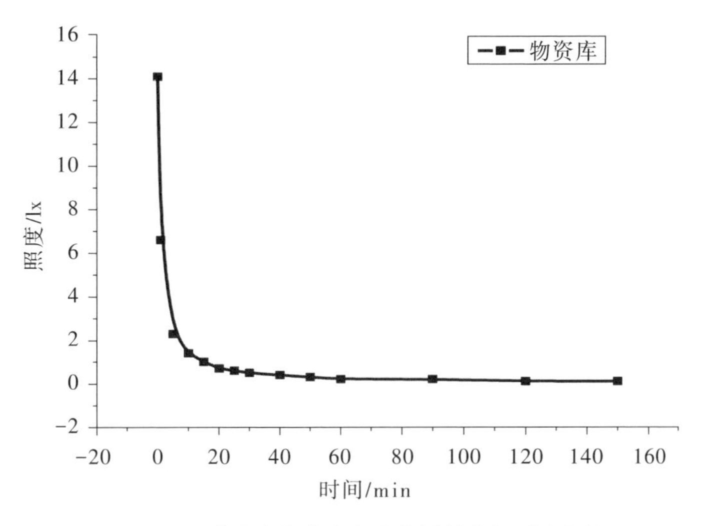

图4-3　物资库蓄能发光多功能材料余辉测试曲线

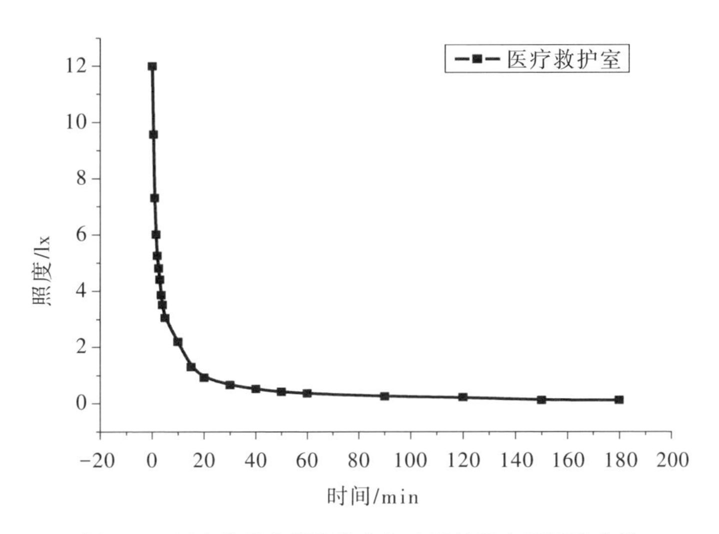

图4-4　医疗救护室蓄能发光多功能材料余辉测试曲线

为0.95，1.2，1.5，2.0 mm。在室温下固化晾干后，测试每块板的余辉亮度值，记录数据如表4-1所示。

表4-1　不同厚度的涂层发光亮度值　　单位:cd/m²

时间/min	厚度/mm			
	0.95	1.2	1.5	2.0
1	2.910	3.124	3.435	5.439
2	1.846	2.085	2.410	3.674
3	1.390	1.557	1.879	2.791
4	1.160	1.249	1.519	2.254
5	0.906	1.033	1.274	1.908
6	0.777	0.879	1.092	1.642
7	0.667	0.763	0.956	1.450
8	0.590	0.675	0.848	1.296
9	0.529	0.607	0.761	1.167
10	0.471	0.544	0.695	1.062
30	0.136	0.169	0.214	0.386
60	0.063	0.076	0.103	0.201
120	0.030	0.031	0.046	0.106

选取表4-1中前20 min的数据,描绘出蓄能发光多功能涂料涂层厚度与余辉亮度之间的关系,如图4-5所示。随着涂料涂层厚度的增加,在相同时间内,涂层越厚,其余辉亮度值越高,但最终衰减的趋势没有改变。故在实际施工过程中,蓄能发光多功能涂料的发光层厚度一般不超过1 mm。

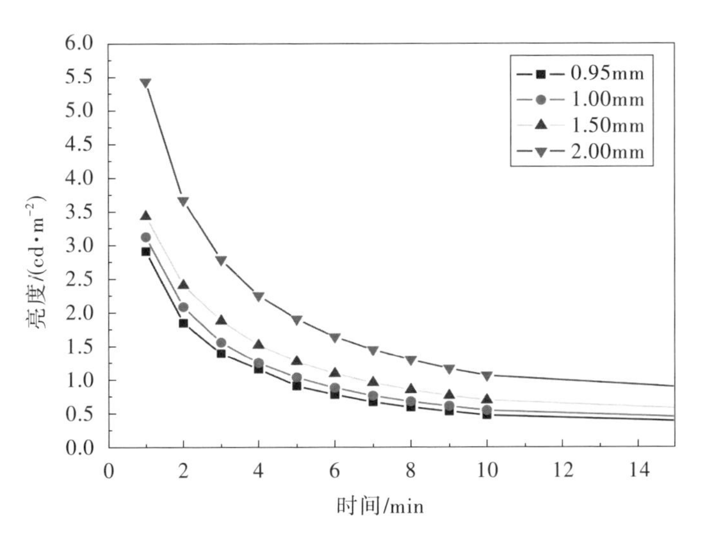

图 4-5 蓄能发光多功能涂料涂层厚度与余辉亮度关系

4.3 民防工程中暗视觉下蓄能发光多功能材料的可视性研究

人眼视网膜由无数的光敏细胞组成。光敏细胞按其形状分为杆状细胞和锥状细胞,杆状细胞只能感光,不能感色;锥状细胞既能感光,又能感色。二者有明确的分工:在强光作用下,锥状细胞起主要作用,所以在白天或明亮环境中,看到的景象既有明亮感又有彩色感,这种视觉叫做明视觉(或白日视觉)。在弱光作用下,锥状细胞失去活性,杆状细胞起主要作用,所以在黑夜或弱光环境中,看到的景象全是灰黑色,只有明暗感,没有彩色感,这时的视觉叫做暗视觉。暗视觉特点是只能分辨明暗,而没有颜色感觉,并且辨别物体细节的能力大大降低。

本章针对性地对民防工程中暗视觉下蓄能发光多功能材料的可视性进行了研究,包括明、暗视觉条件下小物体可视距离相关性,明、暗视觉条件下小物体辨识度对比等试验研究。

4.3.1 民防工程中明、暗视觉条件下小物体可视距离相关性研究

1.测试者标准视力校准

选取三名不同视力程度(正常、轻度近视、重度近视)的测试者,先进行标准视力测试,测试者的视线要与视力表1.0的一行平行,距离视力表5 m。进行检测前先遮盖一眼,单眼自上而下辨认“E”字缺口方向,直到不能辨认为止,记录下来即可。随机取出改行的任意一个“E”,留作后续测试用。

2.光环境亮度值确定

在涂装有蓄能发光多功能涂料的房间内用灯光照射一段时间,自开灯开始计时,每隔5 min关灯测照度,并记录数据,直到检测值不再变化为止,根据所记录的数据绘制曲线。当达到最大照度时,关灯开始测余辉与时间关系变化曲线。

根据蓄能发光多功能涂料的余辉照度范围,分别在只有自然光和只有灯光的房间内,调整和蓄能发光同样的照度值。

3.小物体可视距离测试

(1) 在医疗救护室中,当光照饱和后,关灯测试余辉照度,记录数值。立刻将视力表水平摆放在房间地面上,测试者在固定位置不动,调整地面上的视力表与测试者之间的距离,直到测试者能清晰地看到标准情况下“E”字所在行,此时记录视力表与测试者之间的距离H_1。

(2) 分别在只有自然光和只有灯光的房间内,调整房间光照强度与医疗室余辉亮度相同,按照步骤(1),测试小物体可视距离。

(3) 更换不同视力的测试者(2个),进行标准视力测试,然后按照步骤(1)、(2)进行小物体可视距离测试,如图4-6所示。

通过在不同光环境下的小物体可视距离试验可知,测试者1在民防医疗室中的小物体可视距离与在自然光房间中的相同,但其照度值

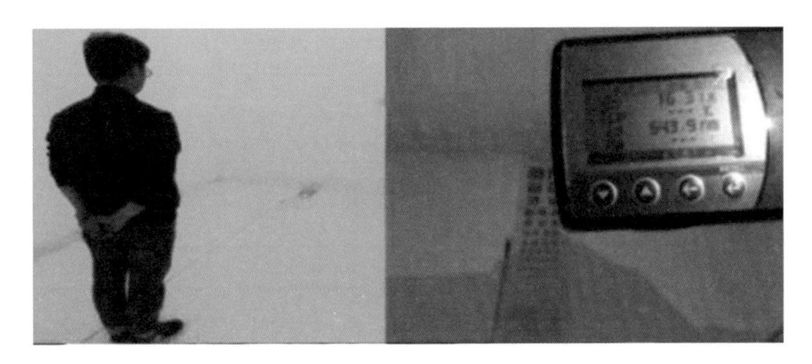

(a) 民防医疗室

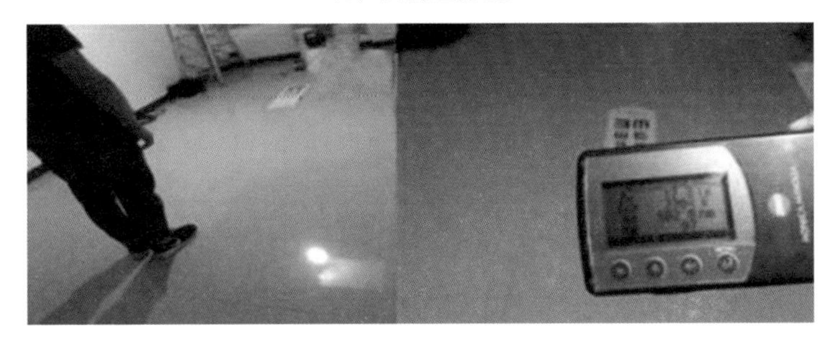

(b) 灯光房间

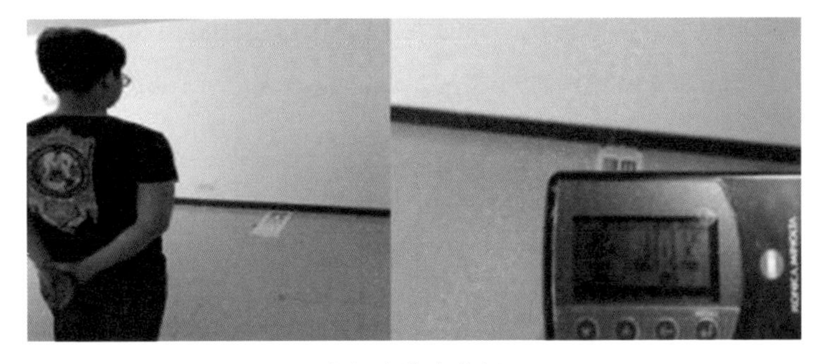

(c) 自然光房间

图4-6 测试者在不同光环境下的可视距离测试

较低。测试者2和测试者3在照度值相当的情况下,在民防医疗室中的小物体可视距离最远(表4-2)。这表明,在蓄能发光多功能涂料余辉这种暗视觉环境中,利用该材料光波的连续性,可以弥补人眼在人造光源下的光谱缺失,提高人眼的可视能力。

表4-2　不同光源下可视距离和照度关系

测试者	标准视力	民防医疗室		灯光房间		自然光房间	
		照度/lx	可视距离/m	照度/lx	可视距离/m	照度/lx	可视距离/m
1	0.6	16.3	2.4	17.3	2.2	17.1	2.4
2	0.8	15.4	3.0	15.8	2.5	15.8	2.5
3	0.4	16.3	2.3	16.6	1.9	16.3	2.05

4.3.2　民防工程中明、暗视觉下小物体辨识度对比试验研究

为了测试蓄能发光多功能材料在明视觉、暗视觉下的小物体辨识度，本试验通过人眼固定距离能观测到的不同大小的字体来评价小物体的辨识度。将普通灯光房间作为明视觉光环境测试房间，民防医疗室作为暗视觉环境测试房间；将灯光照射作为明视觉光环境，蓄能发光多功能涂料的余辉作为暗视觉光环境；测试者在标准坐姿下（视线与书本距离60 cm），分别在明视觉、暗视觉光环境下观测不同大小的字号，如图4-7所示。在民防医疗室中，暗视觉光环境下照度与人眼能观测到的字号之间的关系如表4-3所示，明视觉光环境下照度与人眼能观测到的字号之间的关系如表4-4所示。

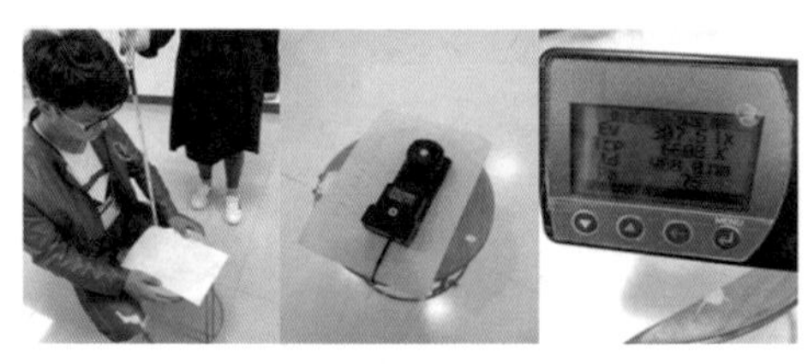

（a）明视觉下小物体辨识度测试

（b）暗视觉下小物体辨识度测试

图4-7　明、暗视觉光环境下小物体辨识度测试

表4-3　暗视觉(蓄能发光)光环境下照度与人眼能观测到的字号之间的关系

时间/min	照度/lx	字号
0	23.6	4
0.1	14.5	5
10	2.9	6
20	1.2	7
30	0.7	8
40	0.5	9
50	0.4	10

表4-4　明视觉(灯光)光环境下照度与人眼能观测到的字号之间的关系

字号	照度/lx
4	300
5	89.1
6	63.8
7	41.7
8	25.8
9	18.9
10	1.6

图4-8为明视觉和暗视觉光环境下小物体辨识度对比。由图可知，字号越大，明视觉和暗视觉环境下达到有辨识度所需的照度值越接近，很小的物体在暗视觉中很低的照度下就能分辨。例如，在明视觉光环境下，300 lx照度下的小物体辨识度与蓄能发光多功能材料余

辉 23.6 lx 照度下的相当。这表明，在民防工程中，利用蓄能发光多功能材料的余辉作用，在暗视觉光环境下同样可以进行读书、写字及手术工作。究其原因，人眼可视光谱范围是 380～780 nm，市场上各类灯具的光谱在 480～580 nm 范围内都是不连续的，而人眼对 507 nm 和 555 nm 的光谱波长具有敏感性，因此，灯具光源影响人眼的可视度。蓄能发光多功能材料的主波长为 480～580 nm，弥补了人造光源的光谱缺失，使得其整个光谱具有连续性。因此，利用其辅助照明可弥补灯具光源的不连续光谱，使照明光环境的光谱主峰发生位移，提高人眼的可视能力。

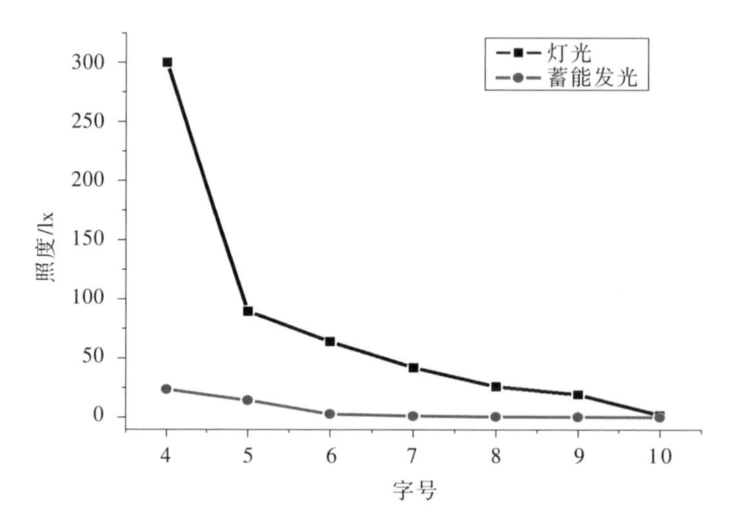

图 4-8　明视觉和暗视觉光环境下小物体辨识度对比

4.4　民防工程中蓄能发光多功能材料释放负氧离子试验研究

空气负氧离子，亦称负离子，是带负电荷的单个气体分子和氢离子团的总称，在净化空气、调节城市小气候等方面有很大的作用。负氧离子浓度水平是评价城市空气质量的指标之一。在医学上，负氧离子被誉为“空气中的维生素”，它能够有效分解和减少空气中的有害气体，让人感觉头脑清醒、精神爽快；能增强皮肤弹性，缓解衰老；能预防和改善呼吸系统疾病及心脑血管病；还能降低血压、增加食欲，调节机体的生理机能。

民防工程一般都隐蔽于地下空间，空气流通能力弱，空气质量较差，尤其是人员隐蔽工程，因战时人员大量聚集，内部空气质量相对更差。蓄能发光多功能材料具有可释放负氧离子的特性，且所释放负氧离子的数量还可通过调节涂料中纳米二氧化钛等纳米材料的比例来进行控制。生态级负氧离子（小粒径负氧离子）可以主动出击捕捉小粒微尘，使其凝聚而沉淀，有效除去空气中$PM_{2.5}$及以下的微尘，甚至$PM_{1.0}$的微粒，从而减少$PM_{2.5}$对人体健康的危害。生态级负氧离子对空气的净化作用体现在负氧离子与空气中的细菌、灰尘、烟雾等带正电的微粒相结合，并聚成球降落，从而消除$PM_{2.5}$危害。

在民防工程中应用具有释放负氧离子功能的蓄能发光多功能材料，一方面可以通过增光增亮来改善空间内的光环境，及时消除战时的恐惧心理；另一方面可以通过提高环境空气质量来保障避难人员的身体健康。为此，本节针对性地开展了相关试验研究。

4.4.1　负氧离子释放量的测定

按照《材料诱生空气离子量测试方法》（GB/T 28628—2012）构建测定模型：将4块固定表面积的蓄能发光多功能涂料试样板放入体积为1 m^3的测试舱内，在光照一段时间后，测量测试舱内负氧离子的体积浓度（g/cm^3）。具体方法与第2.6.6节中的方法一致。

4.4.2　负氧离子降解$PM_{2.5}$效果的测定

调整涂装有蓄能发光多功能涂料的试样板的表面积大小，进行光照，每隔1 h测试一次试样板上的负氧离子浓度和测试箱内的$PM_{2.5}$浓度（用CW-HAT200型高精度手持式$PM_{2.5}$测试仪），记录所有数据并绘制曲线。蓄能发光多功能涂料电离产生的负氧离子降解$PM_{2.5}$的效果可参见图2-15,产生的负氧离子浓度越大,对$PM_{2.5}$的降解效果越好。

4.5 蓄能发光多功能材料吸湿性能试验研究

民防工程内部空间湿度相对较大,尤其是在长江流域,这会直接影响人们的正常工作与生活。

(1)湿度过大会导致霉菌霉变,室内空气质量差,人长期生活在这种环境下很容易患上呼吸道疾病。霉变产生的异味会让人心生厌倦,出现精神萎靡、昏昏欲睡的现象。许多对灰尘、花粉和宠物皮屑过敏的人也对霉菌过敏。

(2)湿度过大会对室内电气设备造成损害,使之生锈或缩短其使用寿命。尤其是对于电子设备,湿度过大会造成电子设备部件的腐蚀,使接头位置脱落,出现故障。

(3)湿度过大还会造成空调负荷的增加,浪费能源。

蓄能发光多功能材料具有较好的吸湿性和抗霉杀菌的功能,将有助于民防工程内部环境的改善。为此,本节进行了民防工程中蓄能发光多功能材料吸湿性能的模拟测试。

首先,为了准确测试蓄能发光多功能材料的吸湿性能,利用水泥恒温恒湿标准养护箱(型号为HBY-40B)作为试验设备,在其密闭空间内进行测试,如图4-9所示。

其次,选取400 mm×400 mm的铝板作为基材,在铝板表面喷涂蓄能发光多功能涂料,未做任何处理的铝板作为空白对照组。

测试之前,将表面已处理干净并保持干燥状态的4块400 mm×400 mm铝板分别置于养护箱的左、右、后、下4个面。打开加湿器,温度设置在20℃,当温度稳定且湿度达到99%RH后开始计时,记录湿度下降时间。同样,将喷涂有蓄能发光多功能涂料的4块铝板按照以上方法再进行测试,记录数据。

图4-9　水泥恒温恒湿标准养护箱

图4-10所示为空白铝板和喷涂有蓄能发光多功能涂料铝板的吸湿性能对比。可见,二者在养护箱内的湿度都随着时间逐渐降低。当养护箱内的湿度不再降低时,未喷涂料的空白铝板和喷涂有蓄能发光多功能涂料的铝板的湿度分别是93%RH和84%RH,这表明喷涂有蓄能发光多功能涂料的铝板对水分有吸收作用。另外,湿度由99%RH降低至95%RH,未喷涂料和喷涂有蓄能发光多功能涂料的铝板分别用了97 min和40 min,这也证明了蓄能发光多功能涂料确实具有吸湿功能。

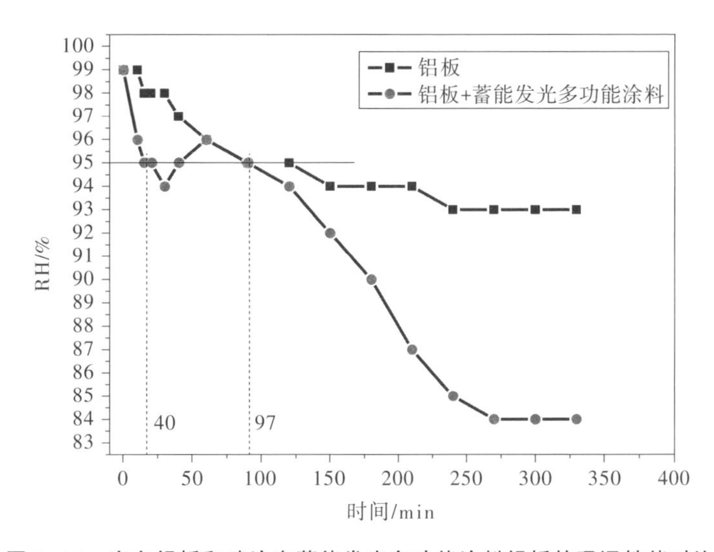

图4-10　空白铝板和喷涂有蓄能发光多功能涂料铝板的吸湿性能对比

参考文献

[1] 中华人民共和国国家质量监督检验检疫总局,中国国家标准化管理委员会.材料诱生空气离子量测试方法:GB/T 28628—2012[S].北京:中国标准出版社,2013.

[2] 张国栋,冯守中.多功能蓄能发光涂料降解公路隧道壁面污染的模型试验研究[J].公路交通科技(应用技术版),2018,14(8):143-145.

[3] 冯守中,高巍.公路隧道新型蓄能发光材料的制备方法及性能试验研究[J].现代隧道技术,2020,57(4):215-218.

[4] 朱合华,李谈词,冯守中,等.城市隧道不同照明段的灯具色温选取分析[J].现代隧道技术,2020,57(S1):277-284.

[5] 李谈词,朱合华,沈奕,等.基于公路隧道照明安全评价的安全停车视距研究[J].现代隧道技术,2020,57(S1):285-291.

[6] 冯守中,梅家林,冒卫星,等.基于视距视区的高速公路隧道中部视线诱导系统安全性评价[J].公路,2021,66(5):200-205.

第5章　蓄能发光多功能材料在民防工程中的应用实例

为研究与验证蓄能发光多功能材料的各种特性，结合上海市普陀区民防办公室民防工程公益化使用改造，项目组在石岚二村、宜君路80弄的民防工程中进行了蓄能发光多功能材料的实际应用，并针对性地开展了多方面的实地试验研究。

5.1　石岚二村民防工程

上海市普陀区民防办根据老旧居民小区内民防工程的实际情况，主动跨前服务，形成为小区居民提供停车服务、自助式仓储服务和小型民防科普教育馆等民防工程平时利用新模式。石岚二村民防工程位于上海市普陀区真如镇街道石岚二村小区内，该小区始建于1993年，总建筑面积46 584 m^2，共计房屋674户。根据计划安排，石岚二村民防工程将被改造为非机动车停车库,供小区居民日常停车使用。

5.1.1 设计及施工说明

石岚二村民防工程属于结建式人员隐蔽工程,其平面示意如图5-1所示。在满足停车库应急照明需求的前提下,为了试点示范研究的需要,项目组利用工程内部独立隔间分别设置了指挥所工程展示室、医疗救护工程展示室、物资库工程展示室以及人员掩蔽工程展示室,以代表不同类型的民防工程。此外,还设置了增光增亮展示室、烟雾穿透能力对比室、负氧离子展示室、抗菌防霉展示室以及抗静电展示室,以便于对蓄能发光多功能材料的不同性能进行深入细致的研究与展示。根据不同功能设计的需要,采用蓄能发光多功能材料分别对各室内部墙体及顶部进行喷涂装饰,在地面设置蓄能发光逃生引导箭头,在墙体适当位置设置安全出口标志牌,等等。

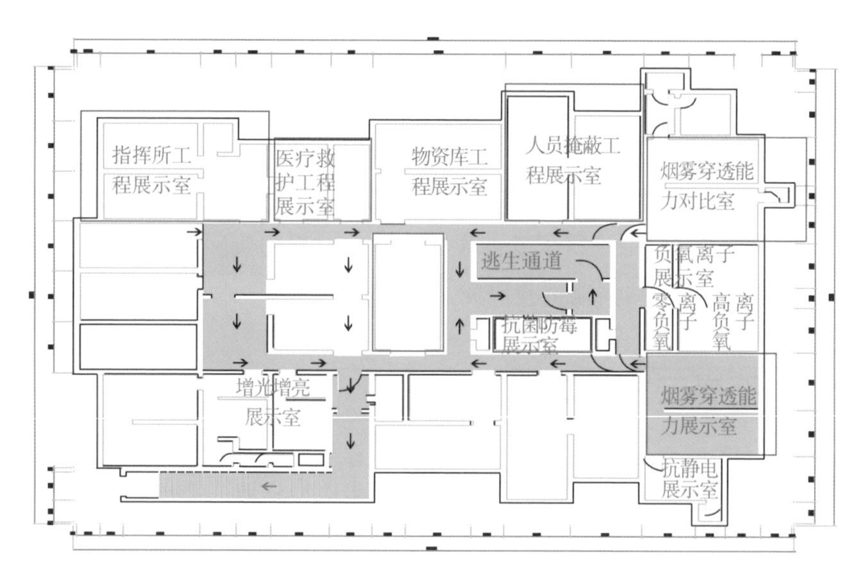

图5-1 石岚二村民防工程平面示意

研究过程中,针对性地调整蓄能发光多功能涂料的配方,对工程内部的房间分别进行增光增亮试验、弥补光源光谱试验、释放负氧离子试验、抗霉杀菌试验、余辉透烟雾能力试验、抗静电检测试验、抗人工气候耐老化试验以及放射性检测试验等，同时委托第三方检测机构对材料样品、工程环境质量进行检测。

1. 工程设计技术要求

根据《人民防空地下室设计规范》(GB 50038—2005)中对指挥所工程、人员掩蔽工程、医疗救护工程、物资库工程、出入口及通道的相关设计要求，有必要对蓄能发光多功能材料在成分与配比等方面进行相应的调配，使之体现出在不同类型民防工程中的使用需求和应用特点。对本工程实例的设计技术要求如表5-1所示。

表5-1　石岚二村民防工程设计要求

功能定位	蓄能发光多功能材料设计要求						照明设计要求		
	增光增亮	初始亮度高	余辉时间长	防静电	释放负氧离子	抗霉杀菌	照度/lx	眩光值(UGR)	显色指数(Ra)
指挥所工程	√	√		√	√		200	19	80
人员掩蔽工程	√		√		√		75	22	80
医疗救护工程	√			√	√	√	300	19	80
物资库工程			√	√		√	50	28	60
出入口	√		√				100	—	60
通道	√		√				75	22	60

2. 蓄能发光多功能材料设计要求

(1)基层要求。

①墙面和顶部基层应平整、坚实、牢固，无浮灰、粉化、起皮和裂缝。

②在喷涂料前应清除疏松的旧装修层和旧装修面层上的浮油污。

(2)喷涂厚度。

①底漆(干膜厚度):200 μm。

②面漆(干膜厚度):180 μm。

③上面漆(干膜厚度):60 μm。

④涂膜总厚度≥340 μm。

(3)施工要求。

①产品的物理技术指标须符合要求,且出具国家级检测机构的检测报告。

②将原民防工程表面和顶面的浮尘、油污等清洗干净,并洒水润湿。

③修补好凹凸不平的地方,确保表面平整。若有漏水之处,必须先行补漏止水。

④施工采用无气喷涂工艺,按照《住宅装饰装修工程施工规范》(GB 50327—2001)规定进行施工。

(4)验收要求。

①表观质量:采用开灯及关灯肉眼观察、手摸检查产品表面质量。应黏结牢固,余辉亮度均匀,无露底、流挂、起皮、掉粉、咬色和疙瘩。

②设置长度和高度:长度与设计长度正负偏差应≤50 cm;高度与设计高度正负偏差应≤10 cm。

③涂膜厚度:底漆厚度≥200 μm,面漆厚度≥180 μm,上面漆厚度≥60 μm。

④延时发光亮度:采用D65光源,在1000 lx的照度下照射30 min,分别在停止照射10 min、1 h和2 h后,用瞄点式亮度计在照射面中心点垂直距离40 cm高度位置测量。关闭光源后10 min时亮度不小于100 mcd/m^2,1 h时不小于15 mcd/m^2。

⑤辐射性检测:遵照《建筑材料放射性核素限量》(GB 6566—

2010)，采用手持式辐射检测仪在靠近涂层表面0.1 m位置进行测试，其测试值应不大于0.5 μSV/h。

⑥负氧离子诱生量检测：检测区域应封闭，防止空气流通。如使用建筑通用型蓄能发光多功能涂料，需在开灯密闭不少于4 h后再进行检测，其余类型的蓄能发光多功能涂料无需开灯检测。负氧离子诱生量检测仪器宜采用COM 3200 PRO Ⅱ型负氧离子测试仪，其测试值应不小于350个/cm^3。

3. 蓄光发光多功能标线设计要求

(1)标线宽度和厚度：标线宽100 mm，厚度约0.3 mm。

(2)地面要求：地面清洁、干燥，无松散、污染和灰尘。

(3)施工要求：

①产品的物理技术指标须符合要求，且出具国家级检测机构的检测报告。

②将原民防工程地面的浮尘、油污等清洗干净，并洒水润湿。

③修补地面凹凸不平的地方，确保表面的平整。

④施工采用无气喷涂工艺，按照《住宅装饰装修工程施工规范》(GB 50327—2001)的规定进行施工。

(4)验收要求：

①通道发光标线线形应流畅，与通道线形相协调，曲线圆滑，不得出现折线。

②道路发光标线表面不应出现网状裂缝、断裂裂缝、起泡、变色、剥落。纵向有长的起筋或拉槽等现象。

③通道发光标线外观、尺寸、厚度应满足设计要求。

④发光亮度：采用D65光源，在1000 lx的照度下照射5 min，分别在停止照射10 min、1 h和2 h后，用瞄点式亮度计在照射面中心点垂直距离40 cm高度处测量。关闭光源后10 min时亮度不小于50 mcd/m^2，1 h时不小于10 mcd/m^2。

4. 试验检测标准

试验检测依据《建筑用蓄光型发光涂料》(JG/T 446—2014)和《停车场(库)标志设置规范》(DB 31/T485—2010),参考中国土木工程学会标准《建筑用多功能涂料技术规范》和《道路发光标线技术标准》。

5. 施工工艺

蓄能发光多功能涂料及标线的主要施工工艺流程如图5-2所示。

图5-2 蓄能发光多功能涂料及标线的主要施工工艺流程

5.1.2 应用效果

1.指挥所工程展示室

指挥所是民防工程重要场所之一。战时,指挥人员将长时间集中在指挥所进行战时隐蔽和撤离工作,该场所人员密集,对环境要求较高,不仅要能保证在断电情况下环境的照明度,还需要良好的空气环境。因此,可采用蓄能发光多功能材料来弥补原设计中的缺陷。本项目设计在指挥所四面墙面和顶面设置蓄能发光多功能涂料,要求初始亮度高且能释放负氧离子,在地面设置具有抗静电功能的蓄能发光多功能涂料。

原设计照明度200 lx,实测原环境负氧离子浓度180个/cm^3;应用蓄能发光多功能涂料后,实测照明度提高至1264 lx,负氧离子浓度大于500个/cm^3,抗静电电阻1×10^{10} Ω(国家标准规定抗静电材料技术指标1×10^{5}~1×10^{10} Ω),应急照明余辉照度与时间关系见表5-2。(注:照度为0.1 lx时,视觉非常清楚;照度为0.01 lx时,2 m范围内可看清人的面部轮廓,并可读书写字。)

指挥所开、关灯照明效果如图5-3所示。

表5-2　指挥所实测应急照明余辉照度与时间关系

时间/min	0	5	10	20	30	60	90	120	150	180
照度/lx	21.5	2.5	1.45	0.68	0.4	0.2	0.1	0.05	0.025	0.013

(a)开灯状态

(b)关灯状态

图5-3　指挥所开灯、关灯照明效果

2.医疗救护工程展示室

医疗救护室是民防工程重要场所之一，战时伤员在此进行手术治疗，不仅需要断电后满足手术的光环境，还要求空气质量高，防霉防潮。因此，医疗救护室应在墙面、顶面、地面均设置蓄能发光多功能涂料，其中各面均应具有释放负氧离子和抗霉防潮功能。

原设计照明度300 lx，原实测环境负氧离子浓度180个/cm^3；应用蓄能发光多功能涂料后，实测照明度853 lx，负氧离子浓度大于500个/cm^3(比原来提高了60%，负氧离子浓度越大意味着患者康复的概率增大，这又增加了民防工程的安全性和舒适性)，抗静电电阻$1\times10^{10}\Omega$，应急照明余辉照度与时间关系见表5-3。

医疗救护室开、关灯照明效果如图5-4所示。

表5-3 医疗救护室实测应急照明余辉照度与时间关系

时间/min	0	5	10	20	30	60	90	120	150	180
照度/lx	22.04	2.84	1.62	0.82	0.54	0.23	0.11	0.07	0.05	0.01

(a)开灯状态

(b)关灯状态

图5-4 医疗救护室开灯、关灯照明效果

3.物资库工程展示室

物资库作为战时掩蔽物资的场所，其重要战略地位毋庸置疑。保证断电后其空间内的照明至关重要，防霉抗潮也是物资库保存物资最需要关心的问题。采用蓄能发光多功能涂料，利用其防霉杀菌的特性可解决这一难题。本项目设计在物资库房间墙面、顶面、地面均设置蓄能发光多功能涂料，各面均具有抗霉防潮功能，地面带有抗静电功能。

原设计照明度50 lx，原实测环境负氧离子浓度180个/cm^3，菌落总数325 RLU。应用蓄能发光多功能涂料后，实测照明度479 lx，负氧离子浓度大于490个/cm^3，抗静电电阻$1\times10^{10}\Omega$，菌落总数28 RLU，应急照明余辉亮度与时间关系见表5-4。

物资库开、关灯照明效果如图5-5所示。

表5-4 物资库实测应急照明余辉亮度与时间关系

时间/min	0	30	60	120	240	300	360	480	600	720
亮度/($mcd \cdot m^{-2}$)	2 194	106	51	17	10	6	5	3	3	3

注:人眼可识别最小亮度为0.32 mcd/m^2,蓄能发光多功能涂料的余辉在12 h后仍能达到最小识辨亮度9倍以上。

(a)开灯状态

(b)关灯状态

图5-5 物资库开灯、关灯照明效果

4.人员掩蔽工程展示室

人员掩蔽工程是战时大量人员聚集地,所以对房间内空气环境质量要求高,为缓解人员在暗环境中的恐惧心理,对环境的光照强度和余辉时间也应有所要求。本项目设计在人员掩蔽室房间顶面、墙面、地面均设置蓄能发光多功能涂料,其中各面涂料均应带有释放负氧离子和抗霉杀菌功能。

原设计照明度75 lx,原实测环境负氧离子浓度180个/cm^3,菌落总数337 RLU。应用蓄能发光多功能涂料后,实测照明度369 lx,负氧离子浓度大于500个/cm³,菌落总数36 RLU,应急照明亮度与时间关系同表5-5。关灯12 h后余辉亮度为3 mcd/m²。

人员掩蔽工程展示室开、关灯照明效果如图5-6所示。

(a)开灯状态

(b)关灯状态

图5-6 人员掩蔽室开、关灯应急照明效果

5.引导指示标志、标牌

民防工程中设置引导指示标志的作用:一是作为路标指示;二是作为工作室门牌标;三是作为引导逃生指示标志。

试验表明,在黑暗状态下,当目标亮度大于或等于0.32 mcd/m²时,人眼可以发现此目标;但在烟雾中,当目标亮度大于50 mcd/m²时,人眼才可在3 m之外发现目标。实测该工程应用的引导指示标志余辉亮度与时间关系见表5-5。

各种标志、标牌在开、关灯后的应急指示效果如图5-7所示。

表5-5 实测引导指示标志余辉亮度与时间关系

时间/min	0	30	60	120	240	300	360	480	600	720
亮度/(mcd•m⁻²)	569	99	58	38	24	15	9	5	5	4

(a)开灯状态

(b)关灯状态

图5-7　各种标志、标牌在开、关灯后的应急指示效果

5.1.3　示范工程试验检测及分析

1.增光增亮试验

测试仪器:TES-1332A型照度计。

测试方法:在涂装有蓄能发光多功能材料和普通丙烯酸涂料的房间内同时打开相同光源的灯具,在相同时间内测试房间同一位置的光照强度。

项目采用普通丙烯酸涂料装饰墙面的平均照度为253.05 lx,而采用蓄能发光多功能涂料装饰墙面后的平均照度达332.94 lx,增光率达到31.6%。蓄能发光多功能涂料增光增亮效果如图5-8所示。

(a)采用蓄能发光多功能涂料

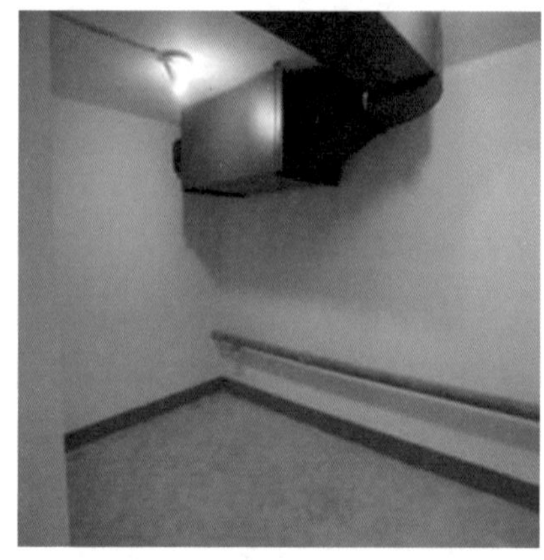

(b)采用普通丙烯酸涂料

图5-8　蓄能发光多功能涂料增光增亮效果

2.弥补光源光谱试验

测试仪器:KONICA　CL-500A光谱辐射仪。

测试方法:在普通房间和涂装有蓄能发光涂料房间内分别设置LED灯、日光灯、白炽灯和节能灯,用光谱仪分别测试普通房间和涂装有蓄能发光涂料的房间在不同灯具照明下的光谱主峰值,总共测试3次,记录并取其平均值。

由于光谱范围不同,蓄能发光多功能涂料的辅助照明效果可弥补灯具光源的不连续光谱,使人眼可视能力得以提高。试验LED灯、日光灯、白炽灯和节能灯的原始光谱主峰分别是490.8 nm,498.2 nm,593.6 nm和511.7 nm,当墙面喷涂蓄能发光多功能涂料后,它们在照明光环境中的光谱主峰值分别位移至505.9 nm,536.1 nm,583.7 nm和560.2 nm。试验表明蓄能发光多功能涂料与照明灯具组合照明,可保证民防工程照明光环境光谱的连续性。蓄能发光多功能涂料辅助不同灯具照明光环境的效果如图5-9所示。

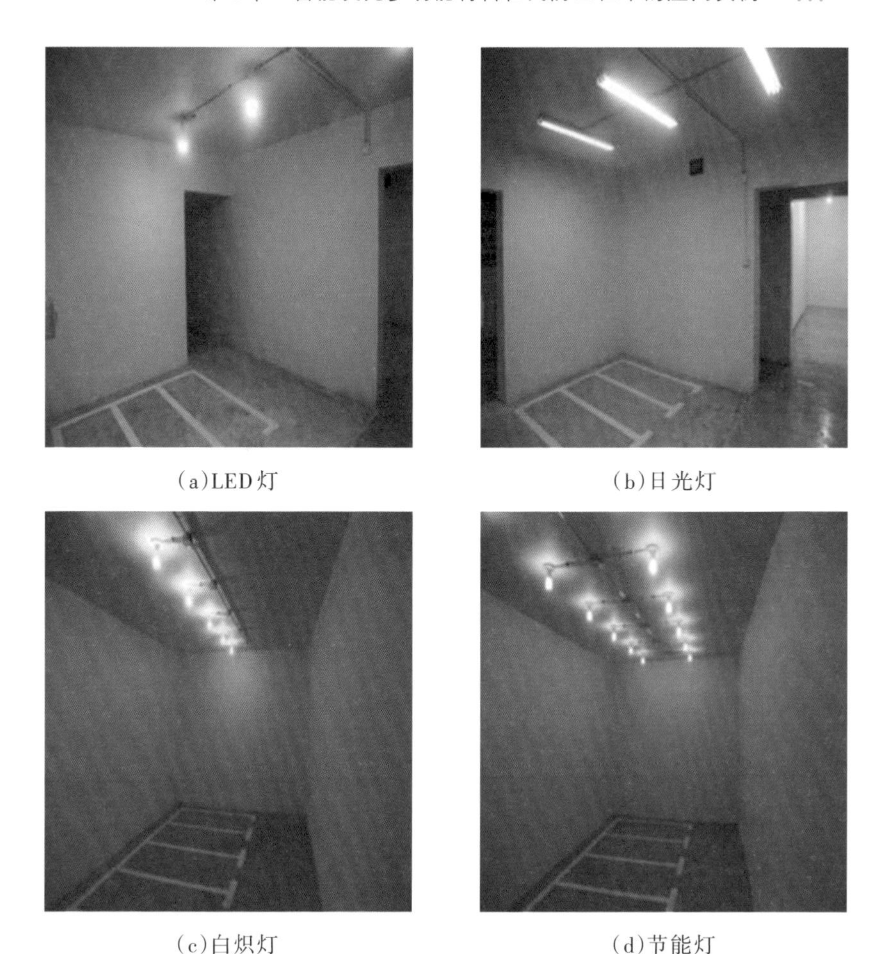

(a)LED灯　(b)日光灯

(c)白炽灯　(d)节能灯

图5-9　蓄能发光多功能涂料辅助不同灯具照明光环境

本工程所处室外地面上的负氧离子浓度实测数据325个/cm^3,地下室中原负氧离子浓度实测数据180个/cm^3,而用蓄能发光多功能涂料装修墙面后的实验室内实测负氧离子浓度达到1250个/cm^3。

3.抗霉杀菌试验

测试仪器:LBY-420型ATP生物荧光检测仪,如图5-10所示。

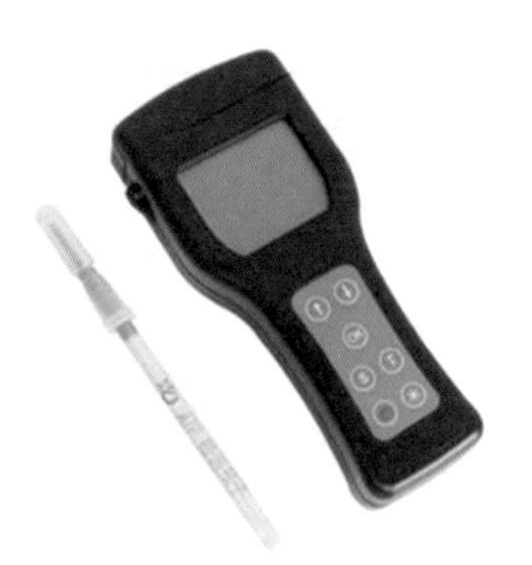

图5-10 ATP生物荧光检测仪

测试方法:在普通房间和采用蓄能发光多功能涂料装饰的房间内,每隔1个月用ATP生物荧光检测仪在房间4个壁面固定位置测试菌落总数,每次测试3组,记录数值。

本展示室刚使用不足1个月时,普通房间和采用蓄能发光多功能涂料装饰的房间内实测的菌落总数分别为26 RLU和65 RLU,且通过测试发现菌落总数随着时间的推移发生变化:采用蓄能发光多功能涂料装饰房间的墙壁菌落总数随着时间的推移呈下降趋势,而普通房间的墙壁菌落总数随着时间的推移则呈上升趋势。细菌检测试验如图5-11所示。

图5-11 负氧离子仪及细菌检测试验

4.余辉透烟雾能力试验

测试仪器:烟雾发生器,如图5-12所示。

图5-12　烟雾发生器

测试方法:在规格大小相同的房间内,设置蓄能发光道路标线和白色普通道路标线,同时打开烟雾发生器,到达相同烟雾浓度时,关闭光源,在黑暗条件下目测道路标线可视距离。

在民防工程中,发生应急状态时,人员需要引导逃生和躲避,但在黑暗状态下,特别是在有烟雾的黑暗状态下,人会失去方向感而无法逃生。蓄能发光多功能材料的余辉亮度可保障人眼在黑暗的烟雾状态下的视觉能力,起到紧急条件下引导指示逃生的目的。蓄能发光多功能涂料的余辉透烟雾能力效果如图5-13所示。

5.抗静电检测试验

测试仪器:VC835型表面电阻测试仪。

测试方法:在测试房间涂装蓄能发光多功能涂料的墙面,用表面电阻测试仪采取多点测试记录数据,取平均值。

指挥所工程、医疗救护工程中均配置有相关电子设施设备,静电会影响电子设备使用的稳定性,抗静电材料则可有效去除静电干扰。试

(a)蓄能发光多功能涂料透烟效果

(b)普通涂料透烟效果

图5-13　蓄能发光多功能涂料余辉透烟雾能力效果对比

验检测结果表明，蓄能发光多功能涂料装饰的室内地面和墙面抗静电指标分别达$1\times10^{9}\Omega$和$1\times10^{10}\Omega$，满足国家标准的要求。抗静电检测试验如图5-14所示。

图5-14　抗静电检测试验

6.抗人工气候耐老化试验

在地下工程材料的使用中,除需要满足耐酸、耐碱、耐水等技术要求外,另一重要指标是人工气候耐老化技术指标,这是反映涂料寿命周期的重要指标。

试验表明,蓄能发光多功能涂料的人工气候耐老化技术指标达到3000 h以上,这是普通装饰涂料耐老化能力的6倍以上,其使用寿命至少会大于普通装饰涂料的6倍,从而可有效降低民防工程墙面装饰的全寿命周期造价。

7.放射性检测试验

测试仪器:RJ32-3602型辐射巡测仪,如图5-15所示。

图5-15 辐射巡测仪

测试方法:在测试房间涂装蓄能发光多功能涂料的墙面,用辐射巡测仪采取多点测试记录数据,取平均值。

民防工程属于人居工程,其建筑放射性指标必须满足国家规定的A类装修材料技术指标。不同的地域环境具有不同的辐射值,但人体只要在不大于0.5 μSv/h的环境内工作和生活都是符合标准的。本试验检测了应用和未应用蓄能发光多功能涂料装饰室内的情况,两种情况下的室内环境辐射值分别为0.114 μSv/h和0.113 μSv/h。结果表明,蓄能发光多功能涂料的装饰不会增加辐射指标。对于装饰材料,国家标准规定无辐射环保的A类产品技术指标:内照射指数≤1.0、外照射指数≤1.3。而蓄能发光多功能涂料检验的内、外照射指数结果分别为0.02和0.01。手持式辐射仪检测工程现场的放射性试验如图5-16所示。

图5-16 手持式辐射仪检测试验

5.1.4 空气环境质量检测

为验证示范工程的空气环境质量,项目组邀请第三方室内环境质量检测机构对石岚二村民防工程进行空气质量检测。按照国家标准及规范,在喷涂施工结束7日后,选取8个检测点,对工程内部的甲醛、苯、总挥发性有机化合物(TVOC)、氨、氡进行检测,检测数据如表5-6所示。结果表明,空气环境质量符合《民用建筑工程室内环境污染控制规范(2013版)》(GB 50325—2010)的要求。

在项目开展过程中,为了进一步检验材料性能,特委托国家建筑材料工业环境监测中心等权威机构对所使用的蓄能发光多功能涂料的发光亮度、余辉时间、负氧离子诱生量等特性指标进行了检测,结果完全符合要求。检测报告如图5-17、图5-18所示。

表5-6　室内环境质量检测数据

序号	抽样位置	点数	房间状态				甲醛/(mg•m^{-3})	苯/(mg•m^{-3})	TVOC/(mg•m^{-3})	氨/(mg•m^{-3})	氡/(Bq•m^{-3})
			地面	墙面	顶面	有无家具	检测值	检测值	检测值	检测值	检测值
1	指挥所	1	油漆	涂料	涂料	无	0.099	<0.005	0.16	0.14	5.1
2	医疗救护室	1	油漆	涂料	涂料	无	0.033	<0.005	0.16	0.12	<4.0
3	人员掩蔽室	1	水泥	涂料	涂料	无	0.098	0.005	0.14	0.14	9.1
4	负氧离子室	1	水泥	涂料	涂料	无	0.031	0.010	0.39	0.39	5.1
5	增光增亮室	1	水泥	涂料	涂料	有	0.028	<0.005	0.14	0.14	<4.0
6	男厕所	1	地砖	墙砖	涂料	无	0.051	<0.005	0.44	0.44	<4.0
7	过道	1	水泥	涂料	涂料	无	0.033	<0.005	0.14	0.14	7.8
8	普通涂料室	1	水泥	涂料	涂料	无	0.096	<0.005	0.29	0.29	7.8
参照GB 50325—2010Ⅱ类标准限量							≤0.1	≤0.09	≤0.6	≤0.2	≤400
备　注	1.检测前竣工完成时间：>7 d； 2.现场采样环境温度：21℃；湿度：53%RH；大气压：101.7 kPa。										

国家建筑材料测试中心
(National Research Center of Testing Techniques for Building Materials)
检验报告
(Test Report)

2015000536E

中心编号：WT2017B01C02794　　第1页 共2页

样品名称	蓄能发光多功能涂料（增亮型）	检验类别	委托检验
委托单位	上海市民防科学研究所	商　标	引路牌
生产单位	安徽中益新材料科技有限公司	样品状态	底漆：白色 下面漆：荧光色 上面漆：透明色 样品完好
来样日期	2017年11月27日	样品数量	底漆：1kg 下面漆：（增亮型）10kg 上面漆：1kg
生产日期/批号	——	型号规格	——
检验依据	JG/T 446－2014《建筑用蓄光型发光涂料》		
检验项目	1.发光亮度　2.余辉时间		
检验结论	"经检验，送检样品所检项目的检验结果符合JG/T 446－2014标准表1物理化学性能的技术要求，检验结果见第2页。" 签发日期：2017年12月28日 （检验专用章）		
附注：试样制备：底漆+下面漆（增亮型）+上面漆。			

批　准：　审　核：　编　制：

检验单位地址：北京市朝阳区管庄中国建材院南楼　电话：65728538　邮编：100024

ctc 国检集团

图5-17a　国家建筑材料测试中心检验报告1/2

国家建筑材料测试中心

(National Research Center of Testing Techniques for Building Materials)

检 验 报 告

(Test Report)

中心编号：WT2017B01C02794　　　　第2页 共2页

序号	检验项目		标准要求 表1 物理化学性能	检验结果	单项结论
1.	发光亮度	激发停止10min时	≥50.00mcd/m²	175.00mcd/m²	符合
		激发停止1h时	≥10.00mcd/m²	24.00mcd/m²	符合
2.	余辉时间		≥12h	24h 发光亮度 0.63mcd/m²	符合

(以 下 空 白)

备注：(此处空白)

本报告结束

检验单位地址：北京市朝阳区管庄中国建材院南楼　电话：65728538　邮编：100024

ctc 国检集团

图5-17b　国家建筑材料测试中心检验报告2/2

建筑材料工业环境监测中心

(ECO-building Material Test Center)

检验报告

(Test Report)

中心编号： WT2017N01A00229 **第1页 共2页**

样品名称	蓄能发光多功能涂料	检验类别	委托检验
委托单位	上海市民防科学研究所	商　标	引路牌
生产单位	安徽中益新材料科技有限公司	样品状态	样品完好
来样日期	2017年11月27日	样品数量	50cm×50cm（3块）
生产日期/批号	——	型号规格	YLZY-T-Z
检验依据	GB/T 28628－2012《材料诱生空气离子量测试方法》		
检验项目	空气负离子诱生量		
检验结论	*检验结果见第2页。* 签发日期：2017年12月18日 （监测专用章）		
附注：（此处空白）			

批　准：　　审　核：　　编　制：

检验单位地址：中国建筑材料科学研究总院南楼　电话：010-51167913　邮编：100024

ETC 建筑材料工业环境监测中心 ECO-building Material Test Center

图5-18a　建筑材料工业环境监测中心检验报告1/2

建筑材料工业环境监测中心

（ECO-building Material Test Center）

检验报告

（Test Report）

中心编号：WT2017N01A00229　　　　**第2页 共2页**

序号	检验项目	检验结果	检验依据
1.	空气负离子诱生量（ions/s·m²）	0.71×10^6	GB/T 28628－2012

（以下空白）

ETC

备注：样品空气离子测量值（ions/s·m²）：2.90×10^6
空白空气离子测量值（ions/s·m²）：2.19×10^6

——本报告结束——

检验单位地址：中国建筑材料科学研究总院南楼　电话：010-51167913　邮编：100024

ETC 建筑材料工业环境监测中心 ECO-building Material Test Center

图5-18b　建筑材料工业环境监测中心检验报告2/2

5.2 宜君路80弄民防工程

宜君路80弄民防工程位于上海市普陀区甘泉地区安塞小区内。根据上海市普陀区民防办的老旧居民小区内民防工程平时利用新模式改造的工作计划，该民防工程将被改造为小型公共安全科普教育馆。通过对民防工程内部进行精心设计，利用多种展陈方式和互动体验手段，宣传防空警报信号、人防应急疏散以及消防灭火、防震减灾、卫生保健、燃气使用等公共安全知识与自救互救技能，让更多的居民了解并掌握民防应急知识，提高家庭防灾避险能力。

5.2.1 设计与施工要求

宜君路80弄民防工程属于结建式人员掩蔽工程，其平面结构如图5-19所示。对于一个科普馆来说，节能、环保与防灾在建造过程中必须要引起充分重视。本工程的改造用途是科普教育馆，因此蓄能发光多功能材料能体现其很好的应用价值，包括蓄能发光、增光增量、可释放负氧离子等。与此同时，为了进一步研究该材料应用于民防工程的效能，在石岚二村民防工程试点研究的基础上，还补充开展了涂层厚度与照度及增光增亮的关系研究、负氧离子释放量与人员数量的关系研究，以及蓄能发光多功能涂料的吸湿性能、蓄能循环使用效率等多方面的深化研究。

1. 空间设计

房间1：按照指挥所工程的设计要求喷涂，墙面、顶面喷涂蓄能发光多功能涂料，地面设置发光引导标线。要求初始亮度高、余辉时间长，在关灯后能满足阅读光环境，在人正常坐姿下能看见A4纸上10号字体，满足人眼有效辨识暗环境的条件。

房间2：设计为蓄能发光多功能涂料蓄能循环使用效率测试试验室，利用灯具照射储能，通过测试余辉亮度和时间来评价循环使

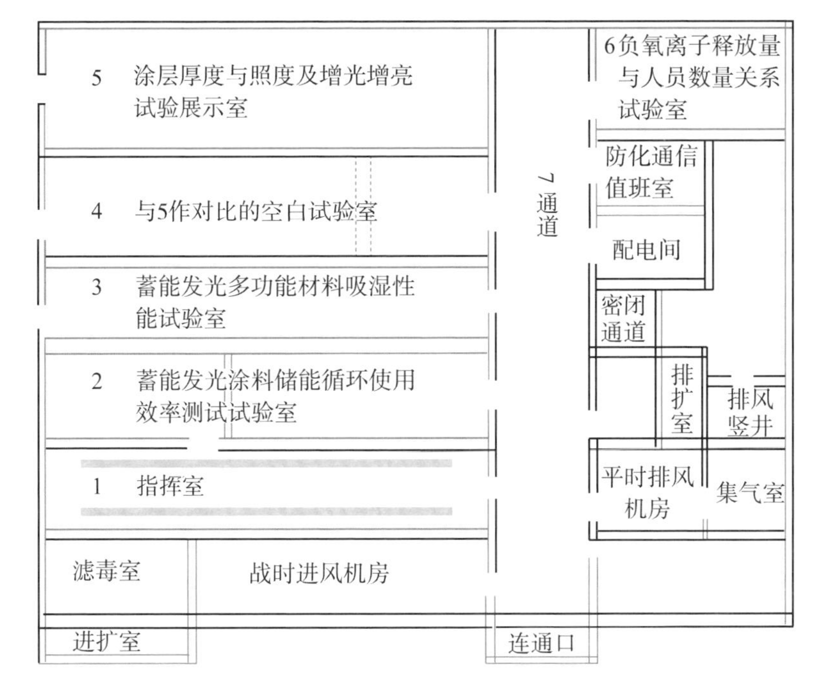

图5-19　上海市宜君路80弄民防平面结构

用效率是否降低。同时,该房间可测试蓄能发光多功能涂料在民防工程中的节能效率,通过涂料增光增亮实测效果,减少灯具功率设置,测算节约电能。

房间3:设计为蓄能发光多功能涂料吸湿性能试验室。

房间4:设计为与房间5作对比的空白试验室。

房间5:设计为涂层厚度与照度及增光增亮关系研究试验室。

房间6:设计为负氧离子释放量与人员数量关系研究试验室。通过测定该房间的面积大小,设置蓄能发光多功能涂料后,改变房间内人员数量,测定房间内负氧离子平均数量,从而得出单位面积内人均获得负氧离子量。

通道7:在墙面设置蓄能发光疏散方向指示标志。

表5-7为蓄能发光多功能材料功能设计要求,相应的施工设计为:

表5-7　蓄能发光多功能材料功能设计要求

位置	增光增亮	初始亮度高	余辉时间长	防静电	释放负氧离子	抗霉杀菌
房间1	√	√	√	√	√	√
房间2	√	√	√	√	√	√
房间3			√	√	√	√
房间4						
房间5	√	√	√	√	√	√
房间6			√	√	√	√
通道7	√		√		√	√

房间1和房间3采用统一规格灯具进行照明，且满足《人民防空地下室设计规范》(GB 50038—2005)的要求。

房间1顶面、墙面设置蓄能发光多功能涂料(发黄绿光)，地面沿中心线设计在离墙10～15 cm处与走道平行设置宽10 cm的蓄能发光引导逃生指示标线(发黄绿光)。

房间3顶面、墙面和地面均设置蓄能发光多功能涂料(发黄绿光)，各面均带有释放负氧离子功能。

房间2顶面、墙面设置蓄能发光多功能涂料(发黄绿光)，地面不作处理。

房间4墙面、顶面和地面均不做处理，保持原有的状态，与房间5作空白对比，灯具设置应相同。

房间5墙面、顶面均设置蓄能发光多功能涂料(发黄绿光)，地面不做处理，保持干净即可。该房间在第一次蓄能发光多功能涂料喷涂完并在表面晾干后，再进行相关试验；后续进行第二次喷涂，测试房间照度和增光增亮；按照第二次操作流程完成第三次、第四次喷涂及试验测试(根据现场喷涂效果确定喷涂次数)。

房间6顶面、墙面均设置蓄能发光多功能涂料(发黄绿光)，作为负氧离子试验室，主要测试负氧离子释放量与人员数量关系。

通道7在离地60 cm的墙面设置蓄能发光疏散方向指示标志(发黄绿光),间距5 m,尺寸应满足《消防应急照明和疏散指示系统》(GB 17945—2010)中图5-20的要求。

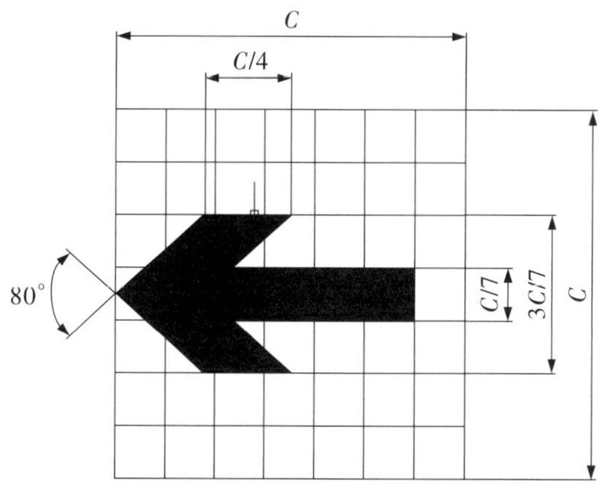

图5-20　疏散指示箭头尺寸

根据《人民防空地下室设计规范》(GB 50038—2005),结合试验要求,对功能房间的照明设置作如表5-8所示要求。

表5-8　房间照明设计要求

功能定位	照度/lx	眩光值(UGR)	显色指数(Ra)
房间1	200	19	80
房间2	200	19	80
房间3	200	19	80
房间4	200	19	80
房间5	200	19	80
房间6	200	19	80
通道	75	22	60

2.施工设计

关于蓄能发光多功能涂料的施工流程、施工工艺、检测标准、验收方法等,均与石岚二村民防工程试点研究相同。

5.2.2 应用效果与研究

1.应用效果

(1)蓄能发光和增光增量效果。

根据设计,房间2顶面、墙面均喷涂有蓄能发光多功能涂料。图5-21为开、关灯后的效果对比图,再次试验验证了该材料的节能特性。

(a)开灯

(b)关灯

图5-21 蓄能发光多功能涂料改造后开、关灯效果对比

(2)暗视觉下小物体辨识度效果。

根据设计,房间1的墙面、顶面均喷涂有蓄能发光多功能涂料,地面设置发光引导标线,且考虑到关灯后要满足阅读光环境的要求。图5-22为关灯后明视觉(320 lx)、暗视觉(6 lx)下读书识字效果对比。现场试验表明,暗视觉环境条件下,人在正常坐姿时能够看见A4纸上的10号字体,满足人眼有效辨识要求。

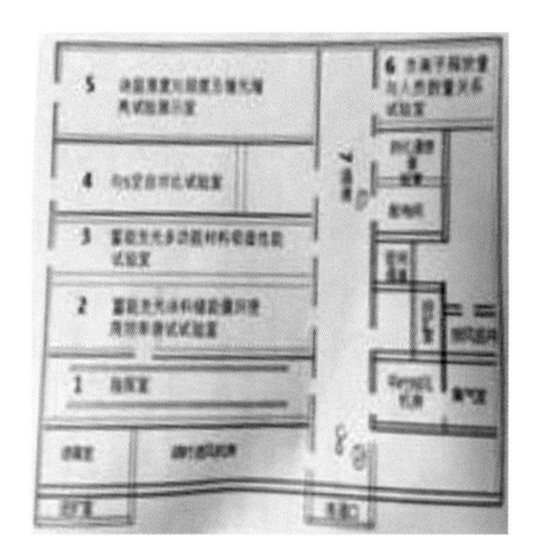

(a)关灯后明视觉效果

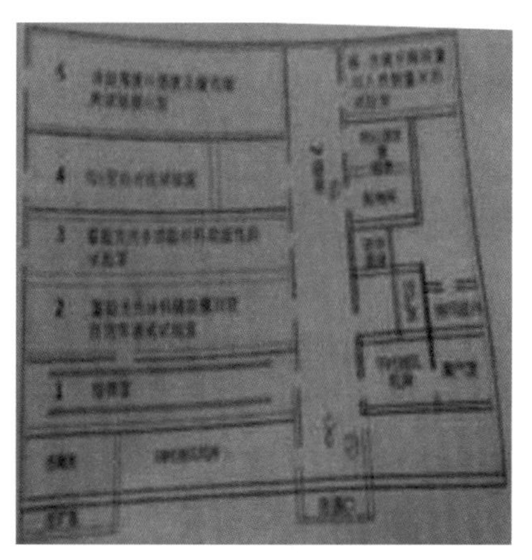

(b)关灯后暗视觉效果

图5-22 关灯后明（320 lx）、暗（6 lx）视觉下读书识字效果对比

(3) 逃生疏散指示标志应用效果。

根据设计，在走廊通道的墙面设置有由蓄能发光多功能材料制作的发光逃生疏散方向指示标志。图5-23为开、关灯情况下的指示标志效果对比图。可见，在关灯的情况下，标志清晰可见。

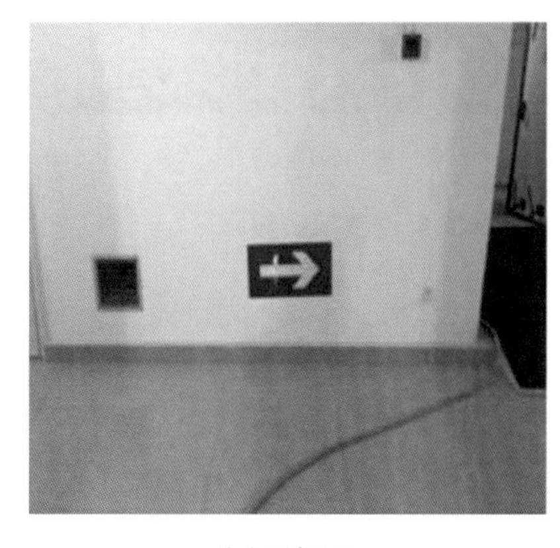

(a)开灯下

(b)关灯下

图5-23走廊通道安装蓄能发光逃生指示标开、关灯效果对比

2.特性研究与结果分析

(1)涂料涂层厚度与照度的关系研究。

①试验方案。

房间5设计作为蓄能发光多功能涂料涂层厚度与照度关系试验室。首先测算房间的面积,然后在房间内按照规范要求设置灯具,假设涂料喷涂最大允许厚度为H_{max},分别测定当厚度为H_1,H_2,H_3,H_4,H_{max}时房间固定点的照度,记录数据并绘制曲线。图5-24是用蓄能发光多功能涂料喷涂后的开、关灯效果对比。

(a)开灯下

(b)关灯下

图5-24 涂层厚度与照度关系试验室改造前后对比

②试验结果分析。

在喷涂过程中,控制喷枪流量大小和喷涂遍数,测试了涂层厚度280～400 μm范围内房间的照度,结果见表5-9。通过对比分析可知,随着涂层厚度的增加,房间内的平均照度值逐渐增大,但当厚度达到400 μm时,出现流挂现象。经过测试各房间喷涂后的干膜厚度,发现厚度均在350～380 μm。因此,在相关标准制定过程中,要求涂料涂层厚度不能超380 μm。

表5-9　涂料涂层厚度与照度关系

干膜厚度/μm	平均照度/lx		现象
	开灯	关灯	
280	299.4	10.2	无流挂
325	300.2	12.7	无流挂
355	302.6	14.6	无流挂
380	302.6	18.5	无流挂
400	—		流挂

(2)负氧离子释放量与室内人员数量的关系研究。

①试验方案。

房间6设计作为负氧离子释放量与室内人员数量的关系试验室。该房间密闭性好,实际面积约为20 m^2,在房间四面及顶面均喷涂具有释放负氧离子功能的蓄能发光多功能涂料,涂层厚度控制在理论试验最佳值范围内。

选取肺活量较大的20～35岁的中青年作为测试对象。测试前,将房间清理干净,门窗闭实;10 min后,进去1人,测试房间内负氧离子浓度;再过10 min后再进去1人,测试房间内负氧离子浓度;以此类推,进入6人后,测试结束。图5-25为负氧离子浓度测试现场。

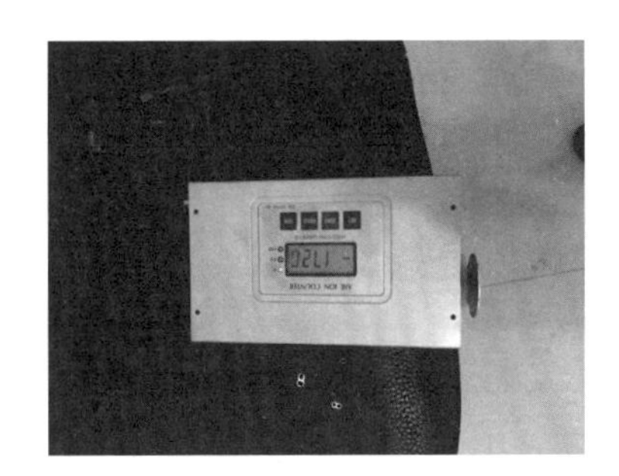

图5-25　负氧离子浓度测试现场

②试验结果分析。

通过检测发现,在未进行蓄能发光多功能涂料改造前,壁面的初始负氧离子浓度为230个/cm^3。而经过改造后,在同样的位置测得的结果为430个/cm³。当把房间门窗关闭后，每隔10 min进去1人，待数据稳定后测试负氧离子浓度，所得出的房间内负氧离子浓度与人员数量的关系如表5-10和图5-26所示。经分析，初始负氧离子浓度与人员个数关系在人员刚进入时有差别，但随着时间推移，负氧离子浓度达到动态平衡(10 min)，浓度保持在1 300～1 500个/cm³范围内。这说明在一定空间内，当时间超过某个数值，单位空间内的负氧离子浓度会保持在一个平稳的水平内，不会因为人数的变化而变化。

表5-10　不同人员数量的房间内负氧离子浓度随时间变化情况

单位：个/cm³

人员数量	时间/min										
	0	1	2	3	4	5	6	7	8	9	10
1	980	965	1 005	995	1 123	1 146	1 200	1 328	1 145	1 427	1 367
2	1 203	894	965	1 023	987	1 209	1 364	1 287	1 465	1 398	1 387
3	1 120	987	803	1 054	1 123	1 396	1 402	1 562	1 487	1 702	1 562
4	1 311	892	952	987	1 035	1 129	1 200	1 230	1 367	1 259	1 440
5	802	792	876	1 002	1 121	1 297	1 307	1 287	1 302	1 416	1 520
6	932	1 022	899	1 201	1 189	1 470	1 297	1 523	1 476	1 556	1 494

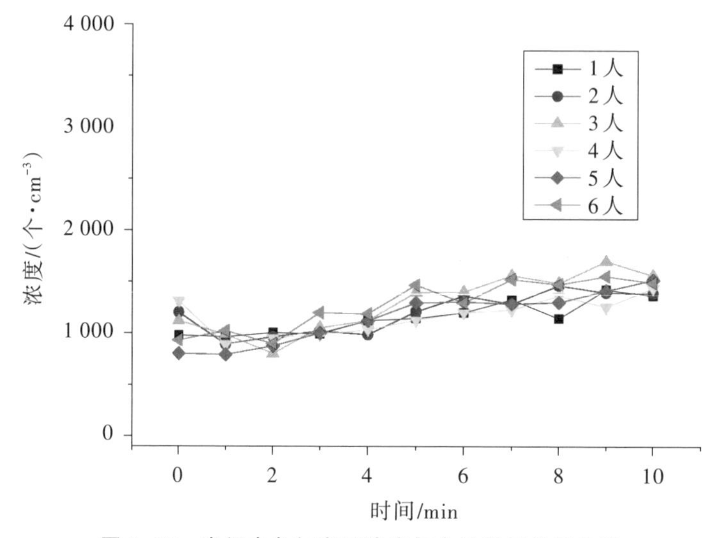

图5-26　房间内负氧离子浓度与人员数量关系曲线

(3)蓄能发光多功能材料在民防工程一定空间内的吸湿能力研究。

①试验方法。

房间3设计作为民防工程蓄能发光多功能材料吸湿能力试验室。该房间面积约为15 m^2,密闭性好。在未喷涂蓄能发光多功能涂料前,关门保证房间内无空气流通条件下,利用加湿器将空间内湿度调整为95 %RH,如图5-27所示。待湿度稳定后,每隔30 min测试空间内湿度并记录数据,直至湿度降低至85% RH,绘制湿度-时间曲线;将其作为空白对比试验。在房间四面墙面、顶面喷涂蓄能发光多功能墙面漆,喷涂表干后,再通风24 h,按上述方法再次进行湿度测试,并与空白组对比分析。

图5-27　房间湿度测试现场

②试验结果分析。

经过对比试验分析可知,在相同时间内,房间内的湿度都随着时间逐渐降低，如图5-28所示。当空房间内湿度不再降低时，空房间和喷有蓄能发光多功能涂料房间的湿度分别是93%RH和84%RH，这表明喷涂有蓄能发光多功能涂料的房间对水分有吸收作用。另外，湿度由99%RH降低至95%RH的过程，空房间和喷涂有蓄能发光多功能涂料的房间分别用了97 min和40 min，这也证明了蓄能发光多功能涂料确实具有吸湿功能。

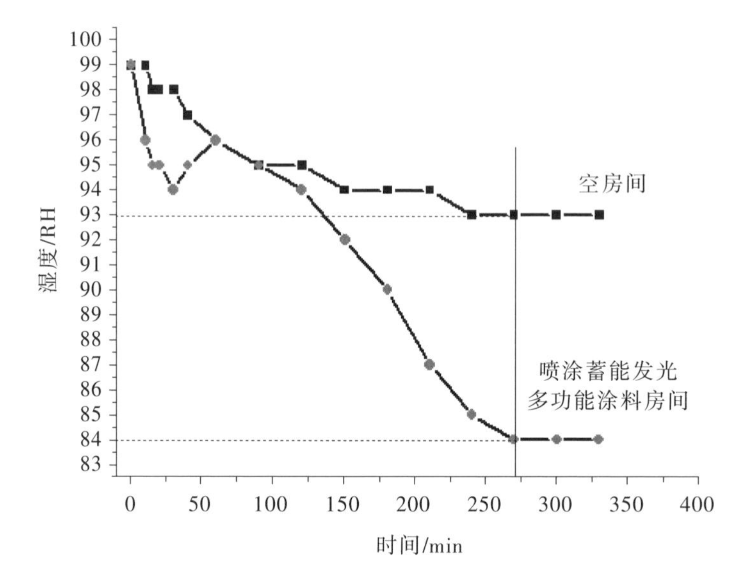

图5-28　空房间和喷涂有蓄能发光多功能涂料房间湿度对比

(4)蓄能发光多功能材料蓄能循环使用效率研究。

①试验方案。

房间2设计作为蓄能发光多功能材料蓄能循环使用效率研究室(实际上任意选取一个房间都可以)。在该房间内设置满足照明需求的灯具，在涂刷蓄能发光多功能涂料7 d后开始测试房间内的蓄能发光效果。具体方法如下：

首先，测试其饱和吸收时间，在灯具全开的状态下，分别在5,10,30,60,90,120,150,180,210 min时，测试房间固定点的照度，当照度不再变化时记录时间，绘制照度-时间曲线。当饱和后关灯，在1，2，3，4，5，10，20，30，60 min及以后每隔30 min测试照度，并记录绘制余辉-时间曲线，至此为一个循环，记为1。

当房间蓄能发光多功能涂料余辉殆尽时，按照上述方法，重复测试，此为第二个循环，记录数据，制作曲线，与1对比。

按以上步骤可进行第3，4，5，…次循环，分别与第1次对比，可得出蓄能发光多功能材料的蓄能衰减规律。

②试验结果分析。

由图5-29可知，该房间内涂料在吸收光照1 h后达到饱和状态，然后关灯进行第1次余辉测试，接着再进行第2，3，4，…次循环，共进行了14次循环测试，最后记录数据，绘制余辉曲线如图5-30所示。由图可直观地看出，在关灯后，房间内的余辉曲线几乎重合，这表明蓄能发光多功能涂料在循环多次之后，未出现光衰现象。

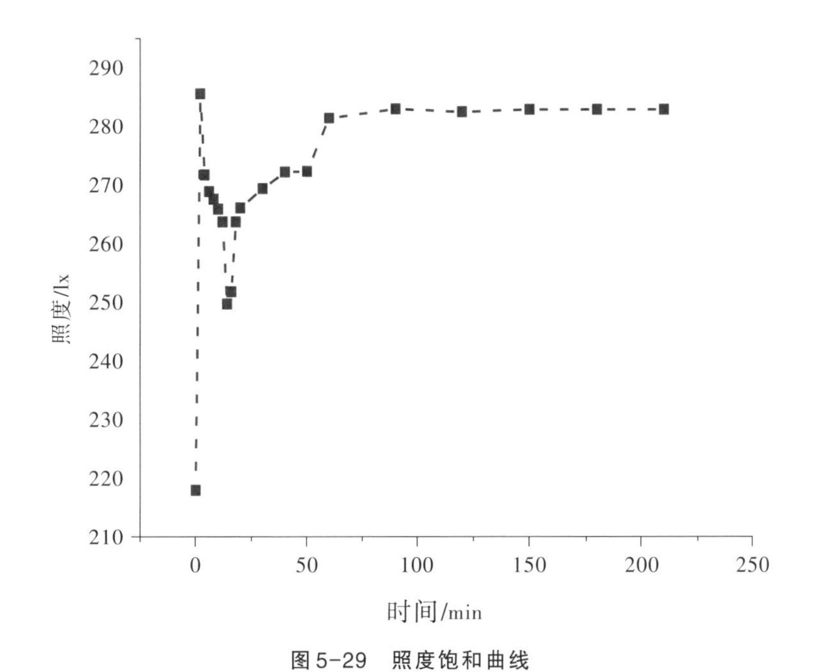

图5-29　照度饱和曲线

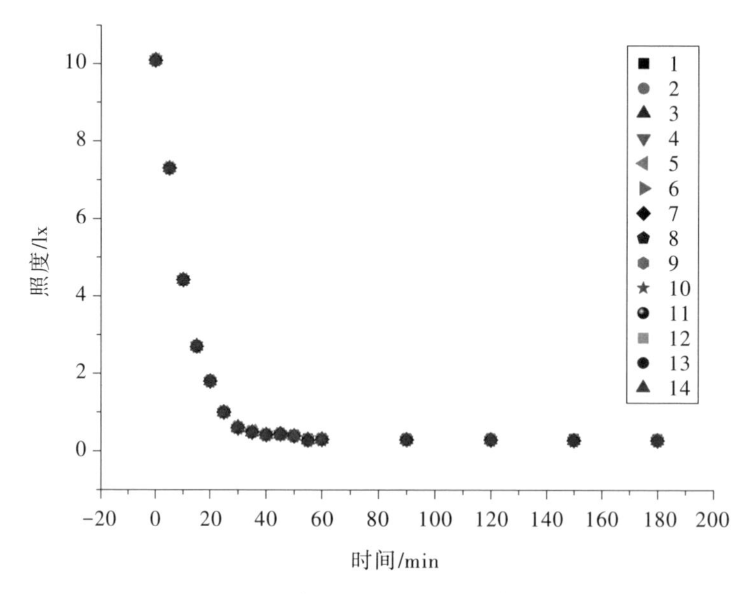

图 5-30 反复开关灯 14 次循环余辉曲线

3.民防工程内部放射性检测、化学污染物检测

为了验证蓄能发光多功能材料不会给环境带来污染或放射性超标的结论,本项目委托第三方对需要进行测试的各个房间进行了环境检测。各房间按照顺序编号,在应用蓄能发光多功能材料前、后各做一次室内环境检测,以便于对比分析,检测内容包括甲醛、TVOC、氨、苯、氡气等。图 5-31 为改造前、后对各房间进行室内空气质量检测现场图。

对比检测报告(表 5-11 和表 5-12)可知,在应用蓄能发光多功能材料后,并未造成室内甲醛、TVOC、氡气、苯、氨等超标,室内各房间 TVOC 含量反而有所降低,氡的含量最高也未超过 30 Bq/m^3,总体满足《民用建筑工程室内环境污染控制规范(2013 版)》(GB 50325—2010)的要求。

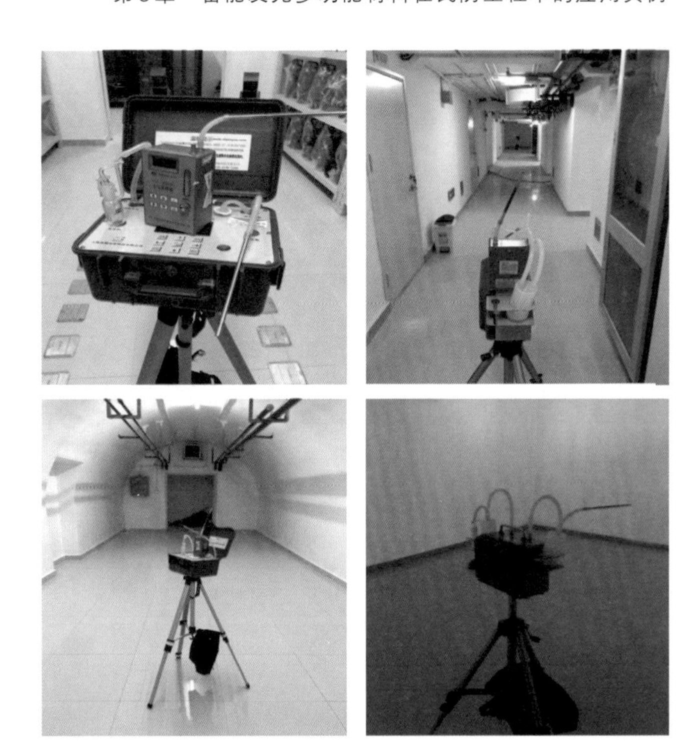

图5-31　改造前、后对各房间进行室内空气质量检测现场

表5-11　改造前各房间内空气质量环境检测数据

房间序号	抽样位置	点数	房间状态				氨/($mg·m^{-3}$)	甲醛/($mg·m^{-3}$)	苯/($mg·m^{-3}$)	TVOC/($mg·m^{-3}$)	氡/($Bq·m^{-3}$)
			地面	墙面	顶面	有无家具	检测值	检测值	检测值	检测值	检测值
1	房间1	1	地砖	涂料	涂料	无	0.07	0.083	≤0.005	0.34	26.9
2	房间2	1	地砖	涂料	涂料	无	0.09	0.085	≤0.005	0.40	22.8
3	房间3	1	地砖	涂料	涂料	无	0.08	0.082	≤0.005	0.42	24.8
4	房间4	1	地砖	涂料	涂料	无	0.08	0.079	≤0.005	0.34	24.1
5	房间5	1	地砖	涂料	涂料	无	0.06	0.082	≤0.005	0.39	30.4
6	房间6	1	地砖	涂料	涂料	无	0.07	0.080	≤0.005	0.30	17.9
7	过道1	1	地砖	涂料	涂料	无	0.09	0.079	≤0.005	0.23	26.9
8	过道2	1	地砖	涂料	涂料	无	0.08	0.083	≤0.005	0.24	30.4
参照GB 50325—2010(2013版)限量							≤0.2	≤0.1	≤0.09	≤0.6	≤400

表5-12　改造后各房间内空气质量环境检测数据

房间序号	抽样位置	点数	房间状态				氨/(mg•m⁻³)	甲醛/(mg•m⁻³)	苯/(mg•m⁻³)	TVOC/(mg•m⁻³)	氡/(Bq•m⁻³)
			地面	墙面	顶面	有无家具	检测值	检测值	检测值	检测值	检测值
1	房间1	1	地砖	涂料	涂料	无	0.06	0.082	≤0.005	0.26	25.5
2	房间2	1	地砖	涂料	涂料	无	0.08	0.080	≤0.005	0.27	20.0
3	房间3	1	地砖	涂料	涂料	无	0.07	0.080	≤0.005	0.25	21.4
4	房间4	1	地砖	涂料	涂料	无	0.07	0.075	≤0.005	0.23	13.8
5	房间5	1	地砖	涂料	涂料	无	0.05	0.080	≤0.005	0.24	27.6
6	房间6	1	地砖	涂料	涂料	无	0.06	0.078	0.010	0.26	17.9
7	过道1	1	地砖	涂料	涂料	无	0.08	0.077	≤0.005	0.22	13.8
8	过道2	1	地砖	涂料	涂料	无	0.07	0.080	≤0.005	0.21	17.9
参照GB 50325—2010(2013版)限量							≤0.2	≤0.1	≤0.09	≤0.6	≤400

参考文献

[1] 中华人民共和国建设部,中华人民共和国国家质量监督检验检疫总局.人民防空地下室设计规范:GB 50038—2005[S].北京:中国标准出版社,2019.

[2] 中华人民共和国国家质量监督检验检疫总局,中国国家标准化管理委员会.消防应急照明和疏散指示系统:GB 17945—2010[S].北京:中国标准出版社,2010.

[3] 中华人民共和国住房和城乡建设部.民用建筑工程室内环境污染控制标准:GB 50325—2020[S].北京:中国标准出版社,2020.

[4] 中华人民共和国住房和城乡建设部.建筑用蓄光型发光涂料:JG/T446—2014[S].北京:中国建筑工业出版社,2014.

[5] 中国土木工程学会.多功能储能式发光涂料技术规程:T/CCES 4—2019[S].北京:中国建筑工业出版社,2019.

[6] 朱合华,冯守中,闫治国.面向低碳经济的隧道及地下工程技术[M].北京:人民交通出版社,2010.

第6章　结论与展望

民防工程是战时为保障人民防空指挥、通信、掩蔽等需要而建造的地下防护建筑，对于保障战时突发应急照明、平时使用节能降耗，以及保证内部空间环境健康、设备设施使用正常，意义重大。针对民防工程在节能、环保、防灾等方面的实际需求，上海市民防科学研究所联合安徽中益新材料科技股份有限公司对蓄能发光多功能材料在民防工程中的应用场景进行了系统性的研究，在材料技术指标、应用设计方法和现场施工工艺等方面均取得了很好的研究成果，为蓄能发光多功能材料更好地应用于民防工程，提供了理论、数据和技术方面的支撑，同时也为后续的相关技术标准、行业规范的编制奠定了基础，所取得的主要创新性成果包括：

(1) 开发了一种适用于民防工程节能增光、应急照明、烟雾环境中的引导指示和改善空气质量的蓄能发光多功能材料，并提出了相应的技术指标要求。

(2) 提出了人眼在明视觉和暗视觉环境下的视觉辨识度对照关系,为地下工程节能和应急照明提供了理论依据。

(3) 基于上述研究,提出了所研制的蓄能发光多功能材料在民防工程中节能增光、应急照明、烟雾环境中的引导指示和改善空气质量等方面的应用设计方法。

根据对民防工程特点与需求的分析,蓄能发光多功能材料在不同种类民防工程以及相关区域的应用场景包括:

(1) 民防工程出入口,应全断面设置蓄能发光多功能材料。

(2) 指挥所工程,所有墙面和顶面应喷涂蓄能发光多功能涂料,地面应设置蓄能发光多功能地坪漆。

(3) 医疗救护工程,所有墙面和顶面应喷涂蓄能发光多功能涂料,地面应设置蓄能发光多功能地坪漆。

(4) 物资库工程,所有墙面应喷涂蓄能发光多功能涂料,顶面应喷涂负氧离子防霉防潮涂料(可不发光),地面应设置蓄能发光多功能地坪漆。

(5) 人员掩蔽工程,地面以上高1.5~2.5 m范围的墙面应喷涂蓄能发光多功能涂料,顶面应喷涂负氧离子防霉防潮涂料(可不发光),地面应设置蓄能发光多功能标线。

(6) 民防工程内部通道,地面以上高1.5~2.5 m范围的墙面应喷涂蓄能发光多功能涂料,地面应设置蓄能发光多功能标线。

(7) 民防工程内所有标志牌应设置成蓄能发光多功能标志牌。

关于蓄能发光多功能材料在民防工程中的应用技术指标,通过实际经验的归纳和示范应用的总结,其成果详见表6-1~表6-3。

表6-1 民防工程墙面用蓄能发光多功能涂料技术要求

序号	项目		指标
1	容器中状态		无硬块,搅拌后呈均匀状态
2	施工性		刷涂二道无障碍
3	涂膜外观		涂抹均匀,无缩孔和开裂,暗室观察有明显发光现象
4	干燥时间(表干)		≤2 h
5	耐水性		720 h无异常
6	耐碱性		720 h无异常
7	耐酸性		720 h无异常
8	附着力		≤1级
9	涂层耐温变性5次循环		无异常
10	耐洗刷性		≥10 000次
11	可见光反射率(D_{65}标准光源)		≥0.85
12	耐沾污性白色和浅色[a]		≤15%
13	发光亮度	激发停止10 min时	≥120.00 mcd/m^2
		激发停止1 h时	≥15.00 mcd/m^2
14	余辉时间		≥12 h
15	耐人工气候老化性3 000 h	外观	无明显起泡、剥落及裂纹
		粉化	≤1级
		变色	≤2级
		发光亮度下降率	≤20%
		余辉时间	≥10 h

续表

序号	项目		指标
16	放射性能	内照射指数	≤1.0
		外照射指数	≤1.3
17	挥发性有机化合物含量(VOC)		≤50 g/L
18	苯、甲苯、乙苯、二甲苯总和		≤10 mg/kg
19	游离甲醛		≤10 mg/kg
20	可溶性重金属	铅 Pb	≤1 mg/kg
		镉 Cd	≤1 mg/kg
		铬 Cr	≤1 mg/kg
		汞 Hg	≤1 mg/kg
		砷 As	≤1 mg/kg
21	抗细菌性能		Ⅰ级
22	抗霉菌性能		Ⅰ级
23	接触角		>90°
24	负氧离子释放量		≥350个/cm^3
25	防静电性能		表面电阻 $1\times10^6\sim1\times10^{10}\Omega$
26	燃烧性能		不燃(≥A2级)
27	透烟可视能力	发光材料主峰波长	480~570 nm
		发光材料增加显色指数	≥3

注:(1)多涂层组合时,16~20项针对每涂层漆样都要单检,其余项是多涂层叠合成试样板后统一检测;

(2)[a]浅色是指以白色涂料为主要成分,添加适量色浆后配制成的浅色涂料形成的涂膜所呈现的浅颜色,按《中国颜色体系》(GB/T 15608—2006)规定,明度值为6~9(三刺激值中的 $Y_{D65}\geqslant31.26$)。

表6-2　民防工程地面用蓄能发光多功能涂料技术要求

序号	项目		性能
1	容器中状态		无结块、结皮现象,易于搅匀
2	涂膜外观		干燥成型后,颜色分布均匀、无裂纹
3	固体含量(混合后)		≥60%
4	适用期		25℃,≥1 h
5	铅笔硬度		≥2H
6	耐冲击性		50 cm
7	柔韧性		≤2 mm
8	附着力		≤1级
9	耐磨性 (500转/750 g后减重)		≤0.06 g(CS-17橡胶砂轮)
10	耐水性		720 h不起泡、不脱落,允许轻微变色
11	耐油性(120#汽油)		168 h不起泡、不脱落,允许轻微变色
12	耐酸性		720 h不起泡、不脱落,允许轻微变色
13	耐碱性		720 h不起泡、不脱落,允许轻微变色
14	耐盐水性(3%NaCl)		168 h不起泡、不脱落,允许轻微变色
15	涂层低温抗裂性		−10℃保持4 h,室温放置4 h为一个循环,连续做3个循环后应无裂纹
16	干燥时间	表干	≤6 h
		实干	≤24 h

续表

序号	项目		性能
17	不粘胎干燥时间		≤300 min
18	发光亮度[a]	激发停止10 min时	≥120.00 mcd/m^2
		激发停止1 h时	≥15.00 mcd/m^2
19	余辉时间		≥12 h
20	人工加速耐候试验3 000 h	外观	无明显起泡、剥落及裂纹
		变色	亮度因素变化≤20%
		发光亮度下降率	≤20%
		余辉时间	≥10 h
21	抗霉菌性能		Ⅰ级
22	释放负氧离子量		≥350 个/cm^3
23	燃烧性能		不燃(≥A2级)
24	防静电性能		表面电阻、体积电阻$1\times10^6\sim1\times10^9\Omega$
25	不发火性		黑暗房间内,转速为600~1000r/min接触样品表面,施加10~20N压力,磨损量不小于20 g,无火花

注:[a]指色系坐标为原色时的发光亮度,不同色系坐标乘以对应的发光系数即为发光亮度。

表6-3　民防工程蓄能发光标志、标牌技术要求

序号	项目		指标
1	尺寸	边缘高度	≤4 mm
		边长或直径	100 mm≤a≤150 mm
		高度	≤25 mm
2	外观要求		壳体成型完整、坚硬、光滑、色泽均匀，无裂缝、损伤等现象
3	机械性能（以JT/T 390—1999试验）	冲击	冲击点为圆心，直径12 mm外无破损
		抗压	抗压荷载大于160 kN无任何破损开裂现象
4	耐候性（人工加速老化1200 h）		无明显裂痕、腐蚀、粉化，发光强度系数不降低
5	耐盐雾		无变色或侵蚀痕迹
6	耐水性		无水侵入和破坏
7	耐油性		无油侵入，无任何破坏现象
8	发光亮度	激发停止10 min时	≥500.00 mcd/m^2
		激发停止1 h时	≥50.00 mcd/m^2
		激发停止2 h时	≥30.00 mcd/m^2
9	余辉时间		≥12 h